寻找生活——环球风格阅览

东亚及东南亚地区

GLOBAL STYLE

享受海风

目录

目录

Southeast Asia 东南亚

▶古式的案几，藤制的沙发，配上宜家的茶几，东、西方家居语汇的并置代表一种共生。

东方文化总能引起西方人强烈而持久的兴趣。在设计领域，洛可可风格、极简主义等不同时期对西方产生重大影响的流派，可以说都是东方文化在西方文明中或多或少的再应用。到了21世纪的今天，甚至已经有设计师提出：“东方的理念就是全球的风尚。”东方文化再次走到了历史的前台，受到艺术家乃至设计师们前所未有的关注。认真辨析东方文化、汲取传统的元素和新的风格进行整合，是我们立于风尚之端的长久之计。而同属东方文化圈的马来西亚、新加坡、泰国、越南等国家也都因各自具有古老独特的文化传统从深层次上吸引了西方设计师们的眼光，给了他们很大的想象空间和设计灵感。新加坡、马来西亚、越南等国家正是构成了古代从东方到西方进行文化传递交流的“香料之路”。而这种“香料”气质和情调正是东南亚风格的一种特质。在这里，我们不妨也来踏着“香料之路”，

对这些东南亚国家的设计进行一番新的审视。

热带、临海、殖民地的性质使这些地区在各种环境与文化的交融下显示出了强烈的地域性特征。对于外来文化的吸收，相临文化的互渗使其具有了多重意象的叠加。这种共融与并置更多的是一种戏剧性和对生活过程本质的诠释。

由于对以前的那种过分注重实用性消费感到厌倦，人们开始注意营造一种平静安逸的氛围来逃避21世纪生活纷繁复杂的节奏：用参禅静修来取代海滩的度假，太极成了新宠，而风水的观念在超级市场、机场、银行的设计中也被广泛运用。其实，对于不少西方设计师来说，他们早就已经开始注意从东南亚的思想传统中寻找设计灵感了：这种设计风格的变化最初是从20世纪80年代中期开始的，那时很多商场、酒店、俱乐部以及酒吧的设计就已经开始改变那种拥挤、纷繁的空间，转向了和谐、宁静、飘荡着熏香、铺着圆润石子的白色立体空间。“少就是多”成了

◥凉椅适应炎热的温度，伴随着热带植物和典型的东南亚屋顶构架，浓郁的风情呼之欲出。

◣卫浴需要明亮的光线，这也是当地一切起居都开放的特点之一。

◥颇具伊斯兰风情的住宅中与餐厅紧密相连的是室内水池，在鹅卵石的映衬下富于情趣。

◤现代东方建筑中也融进了金属与木材组合的语汇。

◥厨房中的许多元素已经很难分清东、西方之间风格上的区别。

◣光线通过木构件形成有趣的光影，青石板铺在碎石上，透露出深深地禅意。

◢现代主义的室内依旧表现出热带的空间需求，用材与色调体现出整洁与清爽。

新的口号。灵感源自禅宗的极简主义也吸引了越来越多的目光。色彩开始渐渐被省却，固定装饰也越来越少。那种裸露的原木风格的流线型橱柜取代了笨重巨大的橱柜；轻灵的白色立体取代了沙发垫。一切一切的变化显得自然而然。

接踵而来的设计观念的改变就是开始把目光投向大自然，与自然建立广泛而密切的联系。泰式的开放凉亭，巴厘岛风格的茅草顶盖式平台，这些典型的东南亚风格的外部设计能够把花园与水景紧密地结合起来。而对于新加坡这样久经变幻的现代城市来说，人与自然的和谐居处也永远是最重要的主题。因此，新的公寓都在顶楼延伸设计了开放式的空中花园。这就是现在最流行的所谓“生态建筑”：把景观与建筑物内部的单位有机联系起来，甚至还包括建筑物整体的各个方面乃至结构都要联系在一起。从最起码

的铺满鹅卵石的池塘和环绕式水池，到乡村风格的水罐、木雕，这种转换可不仅仅是多变的花园那么简单。所有一切的整合创造了一种唯有东南亚才有的异国情调。

在室内，泰国、印度尼西亚等地的设计明显地受到远东的影响：人们把外墙做成了滑动的玻璃门，这是受日本风格的启发；东南亚人喜好明亮、通畅的观念也促使人们打通了室内的多道隔墙。与之相应，家具的选择也开始运用起了自然材料。除了对传统木材的继续使用，由于对再循环利用的强调，天然的竹、藤、椰树也开始受到瞩目，家具的色调也开始变化起来，从漂白或拉绒的橡树、中国明清时代风格黄花梨木和深咖啡柚木（印尼的常绿树）都被广泛采用。人们希望咖啡台是用原木制成的，靠垫是麦壳填充的，家里能听到流水的声音。

被称为“新的色彩”的纺织品，一直以来在东南亚就受到珍视，它常常作为贡品献给皇家和教会，蜡染布、丝绸在今天依然使得现代家庭充满流光溢彩。不难想象，在简约的沙发上放一个华丽的丝绸垫会产生什么效果，一件

◥竹帘和斜顶，木质家具和石质地面，都是热带家居的热点。

◢大理石面的桌子，木雕工艺构成奇特的椅子；绿色的石砖地板与家具相协调，同时又与庭院中的绿茵相呼应，使屋檐内和屋檐外浑然一体。

◣这是被围拢在热带丛林中的开放式起居室一角。沙发背后的粗石矮砖墙、奇特的爪哇式茶几以及当地的传统摆设营造出原始的氛围。

◥雕花的门楣，架空的床板，是极富特色的东南亚地方民间家居情景。

◤用纱帘拢住的木质沙发给这个典型的热带起居室带来了一份浪漫。

来自泰国山村孩童的衣装会使你的墙面多么特别，再加上镜框里放一件印尼的围裙可以供你仔细研究。土地的红褐色使质感精细柔和，大红、橙色则具有国际性。高支棉、刺绣、鹅绒乃至流苏都显示了纯正的技术和品位。当然材料的选择也很重要，往往旧的物件会产生新的吸引力，试想一件和服拼成的棉被在一张简单的床上会产生怎样惊人的效果。时尚变幻不定，而织物却能一直给家庭带来温暖和特别的呵护。正如时尚大师夏奈尔所说的："时尚幻化无常，惟有风格永存"。

由黏土或泥土烧制而成的陶器、瓦器和石头等早已进入现代家庭。印尼风格、由灰泥烧制成的陶器与光滑的泰国砂器及中国陶器一样，已经有数千年的历史了；久负盛名的泰国陶瓷现在在世界上已经十分普及。从浴室到厨房我们都离不开它们。合理地利用陶瓷能使建筑充满细部。当然，如何合理地摆放它们也是有讲究的，东南亚文化中

很注重把不同的物品放在一起，强调它们的异同以求达到最佳效果。精心选择的陶器和充满想象力的摆放能使生活区的每一处都显得丰盈。有兴趣的话，不妨使用古旧的家具、当地的各种工艺品和装饰物，这些能使你的家居走进带有怀旧色彩的后殖民时代。

为了塑造宁静安详的休憩空间，人们追求寂静的声响、舒心的气息和悦目的装饰，如蜡烛、熏香、摆钟和琉璃。为了平静心灵，甚至来自东南亚的神龛、玻璃鱼缸、赏月凉亭都被运用上了。风信子、棕榈树的扇叶、藤条、黄麻和纤维状的芦苇成了时尚小物件，篮子、盒子、垫子、屏风、灯罩和灯座等都会带来意想不到的温暖。东南亚的花饰也是十分迷人的：百合、兰花、野草甚至蔬菜、水果能带来新奇的感觉；佛像、泰式托盘、缅甸花瓶、木酒箱，这些和植物的搭配看似随意，但是很独特。餐饮的布置一直以来也是艺术设计的重要任务，在东南亚饮食文化中既可以

◤用巴芬木制作的格栅状转移门富有强烈的地域特色，且具有极强的功能性，是设计的灵感之作。

◥这是常见的室内格局，局部抬高的休闲空间、客厅的会客空间，连同室外的游泳池，这就是热带的亚洲室内风景。

◣在这个挑空的两层空间中，墙面仅有一幅简单构成的像框，但家具和建筑本身的结构使空间有了联系。

◢竹编的灯罩和竹帘，与素洁的床上用品都体现了浓郁的东方风情。

◣巴厘岛上的这所开放式居所，有木质的家具、庭院里的鸡蛋花树和充足的阳光。

橙黄的墙面，锻制的印度挂件，流线型的床头，还有兰花，形成一种独特的东方家居气质。

摆放有中国茶杯的格栅，日本农夫衣裳的挂饰，老挝的水罐，巴厘岛的柜子，这也是一种整合。

简单地布置，如仅仅在一个垫子旁边配上一件象征品如扇子或一枝花，也可以空出一个凉亭供餐饮使用。餐饮的准备过程也开始受到重视，以前对于东南亚来说厨房是隐秘而实用的地方，然而随着世界潮流的变化，厨房也开始成为空间的中心，木材、石材、不锈钢、铝都有运用。在细节方面的微妙差异也值得一提，如咖啡罐旁放一只煮饭的锅，筷子和瓷器与西方的银餐具也能达到和谐。料理架和新的植物使厨房显得更加美观和清新。

浏览具有强烈审美特征、注重空间气氛并兼顾实用功能的东南亚风情，让我们找到了一条通往和谐平静及内心安宁的途径。

Indonesia
印度尼西亚

◤经典的茅草斜屋顶，可以挡去赤道炙热的阳光。
◣高挑轻盈的柱廊结构总能让人感觉到通畅舒爽的海风，正是梦想中的度假屋。

有“千岛之国”美誉的印度尼西亚位于亚洲东南部大陆，由太平洋和印度洋之间的五个大岛：爪哇、苏门答腊、加里曼丹、苏拉维西和伊里安佳亚及三十多个群岛组成，国土包括17508个大小岛屿，其中大约6000个有人居住，是世界上最大的群岛国家。印度尼西亚位于亚洲通往大洋洲、太平洋与印度洋相交的桥梁要冲之地，赤道贯穿全境，与巴布亚新几内亚、东帝汶、马来西亚接壤，并隔海与泰国、新加坡、菲律宾、澳大利亚等国遥遥相望。

浓绿的雨林、金黄的稻浪、雪白的沙滩、碧蓝的大海、青葱的椰树、明媚的阳光……神的恩典好像没有穷尽似地光照着这片土地：山间田野遍布四季不败的鲜花，树影海风里时时传出姑娘们清脆的笑声，艳丽纱笼裙摆间仿佛总踏着甜美的加美兰乐节奏，更不用说每一个清晨的朝霞、午后的微风、黄昏的落日，以及星空下的波涛——如果要给天堂起个名字，那么印度尼西亚毫无疑问是最恰当的选

择之一。

印度尼西亚具有非常古老的文明。人类学者研究认为印尼最早的原住民爪哇人的历史，发源于公元前 7 万年至 5 万年的旧石器时代，在公元前 3000 年左右，有来自东亚大陆的文明传入，印尼文明进入新石器时代。公元 3 到 7 世纪，开始建立一些分散的小王国，公元 13 世纪末和 14 世纪初，在爪哇岛上建立了强大的麻喏巴歇封建王朝。但好景不长，15 世纪后印度尼西亚开始遭到西方殖民者的入侵，1602 年荷兰在印尼成立具有政府职权的“东印度公司”，开始长达 300 多年的殖民统治，直到第二次世界大战为日本人所取代。1945 年日本投降，印度尼西亚在经过国内 8 月革命后宣告独立，成为现代共和国。

纵观印度尼西亚的文明脉络和艺术风格，不难发现其中清晰的血缘起伏和传承，既与社会历史的变迁息息相关，又和独特的地理气候环境密不可分，非常具有特色。早期

◤奇特的石雕造型具有原始的气韵。

◥面对绿树和田野，正是黄昏饮茶时分，经典的殖民风格。

◣斑驳的石墙和石雕，带出悠悠的禅意。

◢半露天的庭院是印尼建筑中最具吸引力的部分。

◣佛教元素是印尼风格的基本符号之一，让建筑达到一种宁静的精神境界。

大量竹子使用在室内，东南亚风味浓厚。

竹子和藤条的不同排列组合，为空间带来有趣的层次和次序感。

的印尼文明是爪哇文明，从史前时代一直延续到公元3世纪左右，尼格罗人、维达人和马来人在印尼诸岛陆续定居下来，创造出优美淳朴的土著文明，在建筑装饰上，表现为岩洞和巨石结构，马鞍形状的屋顶、桩座，抬升的起居空间和向外倾斜的山墙等，而朴拙的石器、青铜器装饰，壁画、骨器，以及素面刻花、压印、剔刺的陶器都是非常典型的爪哇本土风格。由于海岛交通的不便，各族群迁徙时间的不同，爪哇风格在各个岛屿间的表现形式也有很大的差异，但却也因此而形成了非常丰富的艺术效果，一直留传至今。

公元400年后，根据有文字可考的历史，印度尼西亚出现了一个兴盛的古王国：位于加里曼丹岛的古戴。从留传下来的石碑记载中，可以发现此时起印度尼西亚地区的宗教信仰、语言文字等方面已经受到了印度文化的深入影响。其后的几百年间，印度及东亚大陆的政治法律、文化

艺术在印度尼西亚的发展达到了巅峰的状态，先后建立了印度教的森贾亚王统（7 至 8 世纪）、大乘佛教的夏连特拉王朝 (8 至 9 世纪)、印度教的马打兰王国（9 至 10 世纪）。

在印度文明时代，印度尼西亚的建筑充分融合了爪哇本土元素和印度风格特征的双重性，主要以砖石结构为框架基础，规划设计围绕着象征权力的轴线展开，以“塔祠”为特色形式，表达对于神祉的崇拜和景仰。印度尼西亚的印度系宗教建筑，统称为坎蒂。它最初是指为死者建造的墓，后来渐渐演变为献给神和佛的建筑，寺庙、祠堂等都包括在内，多以石结构为主，在高台基上建较小的箱形屋子，将屋顶做成阶梯式高塔，构造上四方对称，辅之以形象圆满典型，在平稳中具有力量感的雕刻造像。公元 9 世纪前半期建于爪哇中部日惹西北郊区的“千佛塔”——婆罗浮屠佛塔更是其中最杰出的传世之作。

“婆罗浮屠”在梵文中的意思就是“丘陵上的佛塔”，又被人们称为“印度尼西亚的金字塔”，是世界上最大的

◥简单的小餐厅，但是别致的桌布和壁饰立刻能化平凡为神奇。

◣开放式的洗浴空间，颇有山间的野趣。

◥古旧的柜子明显带有中式家具的特征。

◤轩敞的传统长屋，巧妙地借用梁柱和家具将空间划分为不同的功能区，纯白的地毯让人轻易联想起金巴兰海滩的美景。

◣传统风格的起居空间，每一件家具都是主人的巧妙心思。

◢高大的凉亭，被分隔成完美的错层空间。

佛教建筑之一。婆罗浮屠依照印度的宝塔格式而建，总共约用了200多万块玄武岩石块砌成，没有任何接合剂，完全由岩石经切割后堆砌而成，高达40米，从下往上分为9层面积递减的平台，顶端为一个巨大的钟形堵波。在主壁和栏楯间有4条回廊，回廊两壁上为连续近3000米的佛教故事浮雕，从空中看，就像一个立体的曼荼罗（佛教里一种用于装饰的花纹），蔚为壮观。

公元15世纪以后，强极一时的麻诺巴歇王国由盛而衰，趋于瓦解，印度尼西亚重新出现了小国林立的局面，伊斯兰教也渐渐地取代佛教成为占据统治地位的宗教信仰和主流文明，源自爪哇“圣山”的，顶部像分层的金字塔结构的房屋成为这一时期最典型的建筑风格。其后荷兰殖民者又为这个群岛之国带来了全新的西方审美取向，与本土爪哇风格、印度风格、伊斯兰风格的各类元素相结合，独特

的东南亚热带海岛度假自然风格开始逐步形成。

印度尼西亚建筑风格最突出的特色有二：寺庙和长屋。印尼人具有多种信仰，佛教、伊斯兰教、本土的多神教等，寺庙因此成为最具代表性的建筑形式，不仅仅是公众寺庙，而且还有众多的家庙，这种特点在苔里岛和巴厘岛最为突出。巴厘岛的寺庙供奉多种神灵，寺庙正面入口设立“坎蒂本塔尔门”，这个门没有屋顶，只立有装饰丰富的左右门柱，样式独特。祠堂则在庭院最深处，呈木构草葺的高层形式。人们喜欢以传统的木雕、石雕、浮雕、绘画和染织品装饰庙宇的墙壁、神龛、横梁、石基，爪哇文化中的传统图腾、皮影人偶等均为常见的装饰元素。

作为一个地处赤道的群岛国家，印度尼西亚属于典型的热带雨林气候，终年高温潮湿，四季如夏。独特的地理气候条件总是能塑造出独特的建筑风格，印度尼西亚的民居，红砖白泥，高度绝对不超出椰子树，处处体现出海岛

令人耳目一清的绿色搭配，色彩和材质的调和着实叹为观止。

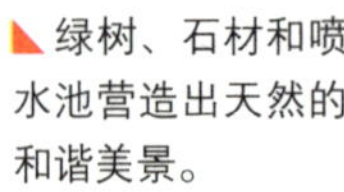

绿树、石材和喷水池营造出天然的和谐美景。

◥舒适的藤椅是午后小憩的好去处。

◣妩媚的佛教舞者让朴素的空间多了几分娇娆。

生活特有的休闲度假的功能。对于印尼人来说，户外的空间比室内空间具有更加重要的地位，因为在一个大多数时间都很炎热潮湿的国家，户外生活通常更为舒适，阳台、门廊、悬垂的屋顶及有遮蔽的亭阁是最常见的建筑格式。典型的印度尼西亚民居被称为“长屋”，是一块由几座茅草顶的亭阁构成的场地，通风且视野开阔，内部墙壁不多，房间的窗户以木制的百叶或窗板遮蔽阳光，显得幽暗凉爽。房屋都有前廊，能延伸至三、四百英尺，这种前廊被用作主要通道，它连接着所有单个的房屋。由于每个房间就是一个家庭，因此家族中聚集的家庭越多，房屋就越长。前廊也是人们做家务和社交的场所，男人们喜欢在这里边雕刻边聊天，家族的集会和表演也常常在此举行。

在装饰方面，则以鲜艳的织物、雕花的屏风及各式各样的手工艺品和艺术品为内部空间增添美感，而由于热带盛产花木，庭院花园是印尼最受欢迎的装饰手法。特别能体现印度尼西亚风格的，还有著名的巴迪布和巴厘岛木雕。巴迪布是一种腊染印花布，其特点是布上印有多姿多彩的花鸟和几何图案，是印尼国服纱笼的专用面料。而以热带贵重硬木为材料的巴厘岛木雕也是印尼最具识别度的手工艺品。

椰林树影、白沙细浪，坐在轩敞的长屋门廊上看海，间或有飞翔的鸥鸟飘然掠过，翅膀上带着阳光金色的斑点……这一站，天堂。

◤茅草屋和绿树是永恒的主题，但搭配上不同的布艺就会有别样的惊喜。

◤造型奇突的现代灯具，和简约敞亮的空间非常和谐。

◥清爽的绿色瓷砖带来阿拉伯后宫式的享受。

◣盛放的天堂鸟是印尼风格最好的注释。

◢悠闲的摇椅，出自本土工匠精致的手工，正合适一个人独坐冥想。

Singapore 新加坡

◤简约平直的线条在晃动的树影和水影间也变得丰富起来。
◣遮阳帘和避荫的穿廊，有阵阵微风穿过棕榈树而来，阳光也就不那么刺眼了。

诗人海子曾写下对生活最幸福的憧憬：我有一所房子，面朝大海，春暖花开……人们谓之美好的梦想，常感觉似乎遥不可及。其实那幸福并不很远，却着实需要非常多的努力，有一些地方的人们正在辛勤的工作，也有一些地方的人已经造好了他们面海的房子和花园，比如——新加坡。

地处东南亚马来半岛南端的新加坡，自古以来是名副其实的面朝大海。它位于马来半岛南端，马六甲海峡的出入口上，正是太平洋和印度洋的交汇处，亚洲、欧洲、非洲和大洋洲的海上交通的枢纽点，北隔柔佛海峡与马来西亚相邻，南跨新加坡海峡与印度尼西亚相望。新加坡国土呈菱形，由新加坡本岛及附近大大小小50多个岛屿组成，面积近700多平方千米，峭壁浅滩，丘陵山谷，密林溪流。由于距离赤道很近，所以气候温暖多雨，四季草木葱郁，鲜花盛开，映衬着碧海蓝天，艳阳清风，处处景色秀丽，风光宜人。

不过最初的时候它却并不是如今这样的春暖花开。据

史书记载，本地最早的居民是由马来半岛南迁而入的土著马来人，他们自称“海人”，以打鱼和种植为生，年代已经不可考证。公元前后，东西方交通逐渐频密起来，不断地有中国、印度、波斯、希腊的船只往来停泊，在古希腊学者托勒密的《地理志》中提及了萨巴拉港，在中国三国时代的“吴时外国传”中记载了蒲罗中国，此外“淡马锡”（意为“海上之城”）的名字也开始出现，它们指的都是今天的新加坡。

新加坡的名字最早出现是在1160年，传说苏门答腊的室利佛逝国王子圣尼罗优多摩来到岛上游玩，看到一只“行动敏捷美丽，艳红身躯，漆黑头颅”的奇兽，王子非常惊奇，于是问随从是什么动物，随从告诉王子这是SINGA（马来语中“狮子”的意思），王子认为是吉祥的征兆，于是就决定定居下来，并为这块地方起名叫SINGAPORE（狮子之城），这名字就此沿用至今。

◤挑空的高脚楼是沿袭自店屋的传统。

◥温柔的水波中荡出一圈圈的涟漪，令人见之忘俗。

◣新加坡多雨燠热的气候最适合遮阳又通透的结构。

◢玻璃材质运用在木楼上，让空间更加精致简约。

◣大面积的玻璃墙，把室外的绿意引入室内。

◥现代的建筑外墙用木板装饰，显示独特的地域特色。

◤楼底的一汪水池造出自然柔美的亲和力。

圣尼罗优多摩王子建立的新加坡王朝（旧译信轲补罗王朝）一共传了五代，在公元13至14世纪曾兴盛一时，新加坡成为繁荣的海港城市，阿拉伯、波斯、印度、中国和欧洲的商人云集此地，贩卖运输香料、丝绸、瓷器、珠宝、茶叶等各类商品。马可·波罗曾在他著名的游记里提到新加坡，称赞这个城市“大而美，商业繁荣”。

不过繁荣也为新加坡带来了垂涎者的攻击，15世纪开始，新加坡陷入频繁的战乱，王朝分崩离析，繁华不再。直到18世纪，英国人决定在东南亚建立一个“战略性”的殖民地中转站，与荷兰人争夺对亚洲地区的控制权，他们选中了新加坡，把它变成了槟城、马六甲和新加坡海峡殖民地的首府，同时也是英国远东地区的军事总指挥部和最大的给养中心。其后，在二次大战中新加坡被日本占领。战争结束后，1965年8月9日，新加坡正式摆脱英国殖民而独立建国，经过40多年的发展，成为如今世界知名的“花

园之国”。

在历史上，新加坡就是一个非常典型的移民国家，从早期的马来人，到后来的印度人、华人、阿拉伯人、葡萄牙人、英国人、菲律宾人等，背井离乡的移民们把各自无法割舍的传统文化带到了这个开放的岛国，在多年的交融和传承中形成了今天既多元又统一的艺术风格，反映在民俗民风、歌舞戏剧、建筑装饰等各个方面，呈现出独特的魅力。例如华人精致细腻的景泰蓝配色风格和匀称庄重的多顶建筑形式，马来人斑斓多彩的审美取向和伊斯兰风格庭院设计，印度人妖娆妩媚的莎丽服饰和室内装饰，以及英国人留下的堂皇华丽的文艺复兴样式的公共建筑……走在新加坡的大街小巷，常常会感觉是穿梭在一场华丽的拼盘音乐会上，每一步都是一个新的乐章，新的高潮，风格截然不同却又和谐流畅，欢快的节奏贯穿始终，于是才真正理解歌德为什么会深深感慨：在圣彼得大教堂的长廊内漫步，仿佛能感到音乐的旋律在跳动。

◥完全现代感的直线设计简洁明快，黑白灰的色彩加一抹池水的幽蓝，造成撞色的时尚效果。

◣舒缓的坡顶，细细堆砌的石墙，错落有致的线条，让空间仿佛有种旋律流动。

◥建筑物中央庭院中的绿色植物，成为设计中不可或缺的亮点，让木屋更加生动。

◤完全敞开的休息和用餐区域，每一处都可以让人安静地发呆。

◣雨林中的卧房，何其逍遥。

从传统建筑风格而言，值得一提的是甘榜格南区苏丹王朝留下的苏丹回教堂和王宫，金黄色的圆顶显出伊斯兰风格的庄严和圣洁，小印度区的阿都卡夫回教堂为砖木结构，鲜艳的奶黄色外墙和玻璃圆顶是印度传统风格和阿拉伯风格完美融合的结果。而在芽笼区则可以看到英国殖民时期留下的欧洲古典建筑群落，高等法院华丽轻盈的科林斯柱式和青铜圆顶，灰白石材的罗马风格市政厅，装饰着彩绘玻璃窗、威严高耸的圣安德列哥特大教堂，无不流露出文艺复兴的优雅人文气息。

不过最具有代表性的新加坡民间建筑风格应该是华人聚居区牛车水的店屋。店屋通常沿街而建，两层或三层整齐排在一起的小楼，底层是商店或作坊，上层是住宅。店屋有着狭窄而精致的门面，雕梁画柱，以中国风格为主调，融合了马来风格和欧洲风格的装饰细节，并粉刷成不同的颜色，呈现出整体统一而局部多变的矛盾美感。在建筑格

式中，店屋有几个极具辨识性的特点，一是五脚基的骑楼，在一层形成遮阳挡雨的长廊，在热带阴晴不定的天气里，即使不带雨伞也可以滴水不粘地回到家。这种建筑文化一直延续到今天新加坡的现代化都市市政规划上，可谓影响深远。界墙则是另外一大特色，作为店屋之间的墙壁，它会比屋顶高出一点，两边颜色不同，形成独特的建筑轮廓线，美妙非常。还有就是回纹，在店屋的屋檐下有一排垂直于地面的木雕装饰，源自马来的民居传统，但喜爱使用金木水火土，以及凤凰、蝙蝠、如意等中国纹样，因此店屋的装饰风格也被称为“中国巴洛克风”，很是独特。

现代的新加坡风格，是在上述传统风格中成长起来的，东南亚热带风情是它的基调，但又更多地融合了简约的国际化发展趋势，在材料的使用和空间分割上更加灵活和大气，在 20 世纪 90 年代真正形成了属于新加坡的建筑语言和个性风格。传统的坡屋顶被继续发扬光大，但引入了玻璃和高科技材料，成为创新。热带风格里的庭院被消弭了

◥通透的客厅给人简约大气的别致美感。

◢黑白的对色让空间好像是在庭院中搭起的帐篷，有种随意又舒适的美丽。

◣新加坡的热带风格就是开放而又兼收并蓄的设计语言。

◤餐厅的植物搭配来自日式含蓄的禅味。

◤石材和鹅卵石遍布室内，连墙面也是粗糙的，却体现出精致的家居氛围。

室内外的区别，混为一体，将周围的景观引入空间内部，低矮的墙体，装饰屋檐，木板和竹子的镶面，石墙等组合成通透开放的建筑，与环境相生相容，非常协调。具代表性的莫里路小屋，外观简约的直线条映衬热带植物，是典型的东南亚度假风格，而内部的中央庭院则营造出苏州式的庭院风格，结构和气氛过渡自然，毫不牵强，是“柳暗花明又一村”的真实体验。温沙园村是恬静优雅的欧洲乡村风格，但使用通透的玻璃窗和有盖走廊串联，与热带气息妥帖相合，正适于眺望远处的大海，四周的鲜花。

从明天起，做一个幸福的人吧，一定有一所房子，面朝大海，享受春暖花开……

Malaysia
马来西亚

宽大的木、细长的竹、结实的绳，架起丛林中的小屋，自然极致。

在亚洲大陆的最南端，太平洋与印度洋的连接处，是马来西亚。这里是季风的交汇点，每年定期风向的季节风把不同国家的人送到这里，阿拉伯人来自红海，中国人大多来自福建、广东和海南，印尼人从南方群岛过来，而泰国人则来自北方大陆。季风决定了航行的时间和方向，也使得这里成为世界最古老的贸易通道——海上丝绸之路的中间连接点。马来西亚把印度、阿拉伯、香料群岛和东方连接起来，正是这样特殊的地理位置，四面的来风带来了四方的文化，加之多个世纪阿拉伯、中国、印度、葡萄牙、荷兰及英国等的移民或殖民，多样的文化在这里交汇和融合，使得这里的风貌独特而又充满魅力。

马来西亚有连片的椰林、细白的沙滩、青葱的高原和肥沃的稻田，更有原始的茅屋、雄伟的穹顶、高耸的钟塔、华丽的牌楼和优美的拱券。这个经历过多种文化渗透的地区，19 世纪被称为海峡殖民地。马来人、中国人、印度人

和欧洲人的后裔在这里繁衍生息，伊斯兰教、佛教、道教、印度教、基督教、锡克教和天主教和谐共生。当今的马来西亚人主要由三个族群组成：马来人、华人和印度人，其中马来人占 60%，华人占 25% ，其他主要是印度人；而峇峇娘惹，是指 15 世纪定居在马来西亚等南洋地区的明朝人与马来人通婚后的后代。“峇峇”是对男人的称呼，“娘惹”是对女人的称呼，他们身上留有浓烈的华人文化痕迹，但又吸收了很多马来文化元素，是马来族群的一种特色。这几个族群的建筑在马来交相辉映，在马六甲或槟城，你可以看到脚踏人力三轮车经过靛蓝色粉刷的中式排屋，华丽的寺庙悬挂着红色的灯笼，隔壁的清真寺召唤着午间的祷告者，印度新都庙旁边商店橱窗展示着金线刺绣的沙丽，空气中弥漫着袅袅青烟和辛辣的气味。没错，这种毛姆和索鲁小说中的场景和混合文化气息就是独特的马来西亚魔力。

传统的马来屋主要采用木结构，并将房屋抬高建于桩柱上。竹材也是常用的建筑材料。在湿热地带，建筑对于

◥清澈的湖水、婆娑的树林、雅致的木楼，构成一幅绝妙的热带风情画。

◣这种强烈的靛蓝色用于公寓的墙面非常引人注目，是 19 世纪以及 20 世纪早期马来西亚人建筑中被广泛使用的色彩。

◥在马来西亚，多的就是这种半开放式的空间，连接室外和室内，亲近自然的同时，这种空间开阔的场所也给人带来轻松愉悦的享受。

◤布艺窗帘柔化了家居空间生硬的线条。

◥富有地域特色的雕刻呈现出不同的表现形式。

◣室外的淋浴区，与天地融为一体的感觉。

◢木雕的栏杆和门板在光线的变化下显得神秘莫测。

通风的要求很高，马来人用竹编成的墙壁或地板，留有许多缝隙，可以保持空气流通。竹墙又分为竹片墙和竹席墙，利用竹子正反面两面色泽质地的对比，编织成带有几何图案的竹席，既有围护功用，又具装饰效果。粗大的圆竹主要用作柱梁等承重构件，剖成两半的半圆竹可用作联系构件。棕榈科植物大量用于住宅屋面上，有时也用作墙体材料，不但可以降低气温，同时因为柔软，所以在大雨倾盆时不会造成太大的噪声。敞廊是马来房屋建筑的永恒主题，它不仅是对湿热气候及生态的本能反应和积极适应，同时也成为了一种反应社会地位和生活模式的房屋形式。大多数房屋中接待外人的地方与家庭活动的地方界限分明，这也许源于早期古老的习俗，如一些宽大的房屋内部常不分隔房间，但晚上铺设的睡席，将房屋内部严格区分为各个部分。传统的马来屋看似简陋，但却非常适合当地的气候和地理条件。

中国式建筑也是马来西亚的主要建筑形式。500年前，中国使臣郑和在马六甲登陆，开启了中国与马来亚交流的先河，而后大批的中国移民来到马来西亚，并在这里生根结果，繁衍生息。中国先民带来了中国的建筑样式，华人的建筑常常是匠人凭借各方建筑风格的融合与对于南中国故乡建筑的记忆而营造出来的。这些与中国南部沿海相似的风格成为马来风格重要的组成部分。同时，华人建筑与欧式风格及当地气候的结合，所谓英印混血的古典模式也是建筑立面上非常流行的装饰性元素。这些所谓海峡华人建筑风格，或被称为帕拉第奥式华人建筑风格或华式巴洛克建筑风格的街屋，本身就像这座折中风格的城市一样，从一个简易的、集生活和工作为一体的街屋发展起来。这些城市中中式街屋建筑都具有基本相同的特征：墙体是砖造并经过粉刷的，屋顶覆瓦，窗子是有百叶屏风的，窗下是简洁的以陶瓷制成的花鸟图案。屋脊和屋檐有着基本相同的装饰，屋顶上也常见鲜花或盆景，华人的街屋建筑更

◥质朴的材料打造出自然的室内空间，阳光包围着整个屋子，打开木门，迎面便是满眼的绿。

◣这个宴会厅可以容纳30人左右，最引人注目的是那个来自帝汶岛的巨大雕像——门神，旁边则是19世纪中国的药箱，如今这些都作为装饰品摆放到宴会厅中，显现着融合的装饰语汇。

和

◥在马来西亚人的家中，主人非常重视水的循环，通常会在中心地带制造一个情调颇佳的水池，象征生生不息的生命之源。

◣室内精美的木器和瓷器，让人目不暇接。

因为建筑上所施绘的明快色彩而鲜艳夺目。即使在夜晚，这些房屋所展现的景观亦十分有趣，所有建筑的外廊及窗户都以彩色的中式灯笼照亮。

马来西亚的建筑形式也非常杂糅。马来房屋以大而宽敞的外廊，架空的楼面，以及出檐深远的中国式屋顶、英印混血的传统抗热的白色灰泥墙体和凉爽的高耸天花等元素有机地混合在一起。中国人的瓦屋面替代了马来人的茅草屋面，欧洲人介绍了承重墙和帕拉第奥的古典立面形式，华人传承了屋顶与门楣装饰，马来人带来刻花镶板的天花，而匠人们最直接地将建筑风格的交融发展创造出来。正如在槟城所显示的邱公祠那样，其基本上是在马来干栏式建筑上架设房屋，将中国的庙宇架设其上，或者可以说将英印混血式门廊融合进一个由泥和砖混合建造的马来式的柱桩房屋形式之中，而再加上一个中国式屋顶，这就是独一无二的马来样式吧。

在多民族混合的马来西亚，因为宗教信仰和生活习俗的差异，建筑的色彩表现出了所用建筑材料的固有色彩以及人为的色彩喜好。由于受到伊斯兰文化的影响，人们往往会在建筑的墙面上大面积粉刷蓝色，或在屋顶铺盖蓝色的釉瓦，当地棕榈等材料所形成的色彩趋向，也在后来的建筑屋面中广泛采用。而白墙红瓦的建筑，又别有一番欧陆风情。海峡华人的建筑色彩，在继承了中国建筑的色彩之外，更为活泼艳丽。在大的中国建筑的色彩原则下，更多通过细部装饰来丰富建筑的外观，运用“剪粘”技术，将建筑所不能使用的五颜六色，以图案的形式拼贴在屋顶上，或门楣、窗楣上，营造出了建筑上有建筑、画中有画的效果。

直接衍生于中国五行学说所联想出来的颜色，在当地中国建筑中最为常见。红色广泛用于内部装饰和柱子，与繁荣和好运有关，象征太阳和幸福；绿色常与“水”联系起来，会常现于梁及斗拱上，上有绿釉的瓦常用来装饰建

浴室内，自然材质的洗手台体现着石材的粗犷，而色彩跳跃的地毯在屋内起到了很好的平衡作用，反倒突出了台面的特质。

餐厅中，源自18世纪的巨大佛头被摆放在明快的黄色墙面前，特别引人注目。

◥优雅的榻椅被织有风信子图案的面料包裹着，仿佛有这样一个暗示——坐在这里看书可以享受到海的气息。

◤巨大的坐椅，其外形来自老树根的造型，靠垫和竹篮则是由藤条编制而成，显得十分别致。

◥老式的梳妆台与传统的雕花窗相呼应，和谐中更显主人的怀旧情结。

◣黄色的金锦缎体现出马来皇族的尊贵。

◢繁复的雕花木门充满了装饰感，表现出马来人的装饰喜好。

筑屋顶与墙体；金色则是另一种用色特点，表现在建筑内外的细部都有金色镶嵌，代表着富有和身份，贴金的彩饰多用黑、红、金三色，相互间隔，对比强烈，繁复而细密，整体显示出一种瑰丽、奢华的风格，一些街屋也被粉刷成天蓝色、淡青色、淡绿色和苹果绿色，使人联想到那些“娘惹”所缝制的精巧服饰。这种多彩的外立面是海峡华人街屋建筑真实的粉彩街景。

在装饰上，建筑的木门木窗连同百叶也同样粉刷上色，更凸显雕花的痕迹，而开启的百叶门窗显露了内部的装饰栏杆，这些栏杆或以木材或以铸铁制成。丰富的色彩、造型和装饰的结合构成了街屋建筑的立面。同样，这些精致的、连续不断的街屋立面，包括屋顶檐板上的回纹装饰，外廊的栏杆，门上以及檐口下精致的雕饰，以及连续的外廊，相同的建筑高度，相近的立面处理，以及标准的店屋开间进深平面等，共同构成了一种带有和谐、统一和优雅的海

峡华人“娘惹”色彩风格的街景。灰塑也是近代马来西亚建筑中不可缺少的装饰，中国福建工匠远渡重洋，带来了嵌瓷艺术，他们利用破碎的瓷片，通过灰浆，甚至加入红糖的糯米浆组成的高黏度的灰浆作为黏结剂，在祠堂及庙宇屋面上形成了灿烂多彩的装饰造型，这些有着中国传统文化寓意的雕塑不仅传递着中国文化基因，同时也成为多姿多彩的马来文化有机的组成部分。

在马来西亚，不仅各种建筑样式与风格不断混合，变得很难辨别，建筑的室内也与建筑本身的风格相互呼应，同时与环境相互融合，混搭成为马来风格最重要的特色。在马来西亚最多的排屋中，传统的中式家具、匾额、字画、对联、祖先的牌位等，都是不可缺少的元素。厚重的木制家具一般用中国红木制成，其设计也融合了中国、英国维多利亚及荷兰的风格。有的家具上镶嵌着贝壳拼制的花卉和鸟类，显示着主人的身份。地面铺设拼花的瓷砖，这些色彩缤纷、花形各异的瓷砖是海峡殖民地风格最显著的特

◥明式的坐椅到了马来西亚后就做了符合其地域特征的改良，竹编的椅面给人带来清凉的感受。

◣高棉鼓在此有了其他的功能，成为引人注目的摆设。

◥丛林中的小屋是人们的梦想，此处，设计师摆脱了原本对于正规建筑的一切束缚，而是尽情发挥自己的想象，让人真正感受到这个丛林小屋的惬意和舒适。

◣海边的小屋，具有马来西亚风情的陶土工艺品成为点缀的主角，浑然天成融于大自然的怀抱中。

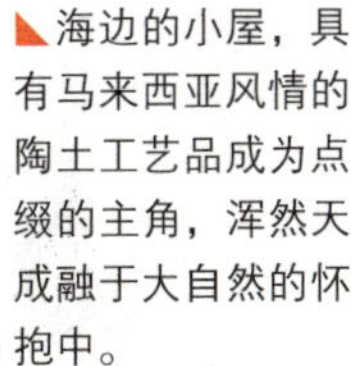

征。这种瓷砖也飘洋过海来到了中国大陆，成为海外移民回乡置业最常用的建筑材料。高高的木制天花板上，一般安装有风扇和枝形水晶吊灯，慵懒的午后，风扇轻轻地旋转，让人忘记时间的流逝。作为最大的锡生产国，马来西亚的锡制品包括花瓶、托盘、相框、酒杯等，是具有马来风格室内装饰最醒目的部件。在当今，很多马来传统建筑经过改造，已经华丽转身为精品酒店、餐厅等，这些新的空间融合了传统与现代，既有传统马来西亚风格的情怀，又融入了时尚生活元素，宜古宜今，赏心悦目。

多文化的融合是马来西亚设计最重要的特点，传统与现代的不断融合又是他历久常新的秘密。可以说从郑和下南洋开始，马来西亚就敞开胸怀吸纳四方的来风，并将其变为自己的属性。我们不由地惊叹文化包容所形成的巨大创造力，就像在这里客居他乡的异族一样，在马来亚这片土地上生生不息。

Thailand
泰国

◤ 通体镏金的佛塔富丽堂皇，充分显示出泰国皇室和国民对于宗教的虔诚。

当你从曼谷机场下来，行驶在通往市区的高架路上，一个充满着匆忙和繁杂的现代东南亚都市便展现在你面前。但这是泰国的真实面貌吗？如果你更近一些观察，在高楼大厦间会闪现一些与众不同的东西——辉煌寺庙的尖顶闪着金光，一座座雅致的木屋掩映其中，一条窄巷中卖食品的小贩不停地吆喝，提着柳条筐的妇女的裙摆随风不时地飘动……实际上真真让我们惊叹的泰国美丽影象，就是存在于这个大都市中的这些真实生活的剪影，是这些包含着细枝末节的传统的缩影啊。

这个曾被称为暹罗的美丽的国度，许多年来，经历过多个王朝的崛起和没落，但却是东南亚唯一能维持独立而

特有的皇冠形屋顶，铺设着明丽的彩色琉璃瓦，庭院则西洋风味浓厚。

不曾被占领的国家。它别称“黄袍佛国”“大象之邦”，境内的热带景色既变化多端，亦有惊人的气势。泰北森林密布，山峦起伏，东部及南部海岸海滩绵长，是梦境中的理想天堂；肥沃平原上青翠如玉的稻田更充满着原野气息。而其间到处又是金碧辉煌、尖角高耸的庙宇和佛塔，有着无处不在的精美佛像、石雕与绘画。这些在长青的椰林掩映下的古迹，为泰国娇媚动人的热带风光增添了无数的绚丽与神秘。

当你审视一个典型的泰国器物：一条项链、一个漆罐、一只水勺，甚至一把椰子刀，你就会迅速识别出它们是属于泰国的独一无二。这很大部分因为它锥形的样式，繁复或简单的雕饰和那些不流传千年也有几个世纪的独特的工艺。同样，当你参观泰国的皇宫庙宇，甚至民居，其尖角飞檐的屋脊和中央隆起的钟形塔状顶，都明白无误地反映

泰式宫殿的一角，金顶白墙搭配的华美醒目。

在泰国随处可见的佛塔表达了人们对佛的虔诚敬意。

直插天际的尖顶是泰国建筑最具特色的景观。前方的是仿大成府佛塔而建，其后较为纤细的部分是存放佛教圣典三藏经的藏经阁，最后面的则是皇室庙宇的一部分。

卧在水上的凉亭，飞檐翘角均倒映在如镜波光之中，整体格局上的平衡美态毕现无余。

◥布置在门廊里的起居室是典型的泰国风格，墙上装饰的是木雕的揭路荼（印度神话中鹰头人身的金翅鸟）。

◣不寻常的挑高空间能让更多的阳光进入，也有利于空气流通，令休闲时间更舒适自在。

出泰国映像。但是这种能迅速识别的泰国风格并不是固定不变的，从古老的素可泰(sukhotai)王国，到今天的察觉里王朝，来自暹罗四周的影响十分明显，如印度、斯里兰卡、孟加拉、缅甸、中国，甚至欧洲有些地区的风格也会体现在今天的泰国建筑中，显得十分独特。泰国人重视他们的文化传统是基于他们对民族特点的理解，在传统生活方面维持着一个与众不同的格调，同时又灵活地适应着这个愉快的现代世界，这种复杂的特性便产生了一种难于言叙却又真实可见的魅力。试图给予泰国文化一个明确的定义显然是困难的，一个可能的方式就是通过发现与他们自身发生关系的建筑及物品来间接表述和理解，这里隐藏着丰富的讯息，或许能够给出一个意味深长的泰国文化的图像。

想要了解更多的泰国，就不能不提及佛教。在这个信奉小乘佛教的国度里，寺庙、佛寺、佛塔林立，手托僧钵的僧侣随处可见。佛教对泰国的政治文化、社会生活产生

着极深远的影响，泰国人对佛教的信仰和对国王的膜拜都植入了这个文化之中。同样佛像及与其相关的圣坛、祭坛、灵位也十分盛行。过去几个世纪，艺术家、建筑师、工匠建造了数不清的寺庙与宫殿，他们倾注了无比的虔诚和热情，这是理解泰国风格的一把重要的钥匙。也因此，佛教与宫殿建筑成为泰国最主要且引人注目的建筑样式。由于强大的佛教信仰，大量财富和人工被用于宗教建筑，但对于游客来说，惊讶的并不仅仅是这些众多的寺院之美轮美奂，而是它们看上去更像一个个充满平常人际关系的场所——泰国人在修行和世俗生活之间找到了结合点。

从最早的以灰泥装饰和柱基人面饰著称的华富里三育佛塔开始，其建筑风格受到高棉和印度的影响，寺院布置反映着佛教的宇宙观，寺庙通常有两部分组成：公共祭祀部分和僧侣的住房，公共部分金碧辉煌，僧侣的居住之地则非常俭朴，很少装饰。佛寺的门向来是艺术家表现的中心，

◥各式精美的金和乌银制器皿，造型多样，做工繁复细致，令人惊叹。

◣这间屋的设计融合了大量的西方元素，从家具到墙上的油画都可以得到印证，但装饰的象牙又明白无误地表明了主人的身份。

◥卧室的阳台外廊被辟作小书房，僧侣造型的木雕立在两旁，栏杆之外便是婆娑树影。

◣古朴的木屋却在梁间悬了一挂西洋水晶灯，匠心独具，射灯照耀下的佛像更觉雍容神秘。

双扇的木门成为日常生活与宗教世界之间的过渡。门上的浮雕是精美工艺的杰出代表，门神和植物是常见的题材。相对来说，宫殿建筑并没有如此程式化，国王不光被认为是个统治者，更是主的化身，由此他的宫殿必须反映人们对佛国的幻想：有着明显内凹曲线的多层屋顶，覆以彩瓦，配以镀金的雕饰细节，极尽奢华。皇宫内部则受到西方装饰的影响，有罗马的壁柱，维多利亚样式的家具和具有繁复线脚画框的油画等。这种泰西合璧的手法十分奇异地显示着皇权的威严。

很多人都说最不朽的泰国建筑风格还在于泰国民居。为了防止野兽的袭击，便于空气流通，这里的民居通常都建在外露的桩基上面，三角形的外形，陡峭的山墙，由一个拉长的塔形渐变成弯曲的火焰形，这种复杂的轮廓展示了一种独特的热带风情的优美景象，其结构特征来源于对热带暴雨和季节性洪水的适应。这种民居都有自然开敞的平面布局，全木结构的形式，没有钉子的楔接组装，其形式与结构自然而完美地结合，悄然应和着当代设计观。泰语中经常使用的“prung”的意思就是装配，所以房屋可以组装，从一个地方搬到另一个地方。

基于东南亚传统，泰国人一般席地而居，因此就特别需要保持室内的洁净。家里很少有家具，他们使用芦席铺在地上方便坐卧。在有钱人家，他们所使用的家具还包括低矮的桌子和床、中国样式的榻，双层的木橱被改造成电视柜，家具的表面都彩绘着宗教故事；沙发用泰丝做外套。精而少的家具给生活以极大的自由度。为适应热带炎热的气候，泰国人的房间四面都开启窗户，这便于空气的流通，也因而拥有了宽广的视野，从室内任何一个角度，都可以看到室外葱茏的绿色植物的硕大茎叶，这真是一种清新且赏心悦目的风景，同时也是对全木装修及暖色调的平衡。

◥开放式的餐厅可以俯瞰花园，庭院中花木扶疏，与室内陈设的花瓶和茶几相映成趣。

◣四面敞开式的餐厅具有通透的视野，飘拂的纱幔平添了几分浪漫的气息。

◥古典气息浓重的墙饰，搭配精致的木质和瓷器陈设品，整个屋子流露出不同于一般的贵重感。

◣由刻花床架改成的坐榻给小起居室增添了一份说不尽的体贴之感，绵软的锦垫也让人禁不住想要拥抱。

室外通常情况下总有一池碧水紧邻其旁，水便于灭火，这对于木建筑来说非常重要，当然也利于温度的调节。大型的水生植物和美丽睡莲的点缀，使整个环境充满浓浓诗意，我们很多 spa 的设计灵感都源生于此。

泰国具有一种先天的美丽，这种美表现并延伸到一些极小的物品上，随之而生的便是掌握千年的精致的手工艺。艺术家和工匠们竭力创造着美丽的物品，以表示对宗教和皇室的尊敬，这些物品包括壁画、经书、陶器甚至水勺、米篮、椰子刀等，而其中最重要的当然是佛像。无论泰国如何现代化，佛教都千年不变，在泰国人日常文化和生活中扮演着重要而复杂的角色。大到一座寺院，小到一个家庭，都至少有一个佛台和一尊佛像，它们都造型优美，佛像的神态安详。更虔诚的信徒甚至会用一个单独的屋子来供奉

佛像，犹如一个私人的小教堂。佛像一般由不同的材料制成，风格各异，它是工匠与雕刻师手工技艺的体现。最尊贵的佛像由青铜制成，这种铸造术从 14 世纪开始有名。泰国佛像的造型也受周边国家的影响，它是佛教在泰国发展的整个历史的缩影。

泰国早在几百年前就有了独立的丝绸生产作坊，相比较精美的中国丝绸，泰国的产品相对质地粗糙，不平滑，有细微的棘手感。但正因为有所谓的有结现象，这种不完美却造就了一种特殊的美，形成一种能迅速被识别的自然且手工制品的凭证，受到世人的青睐。泰国人的装饰灵感还延伸到了花卉和蔬菜上，这些寿命短暂的物品经过再创造，变成了与原来物体形态完全迥异的美丽物件，如把胡萝卜雕成玫瑰花，木瓜做成菊花，黄瓜做成树叶，或仅用蔬菜就做成一个五彩缤纷的花篮，等等。使用最多的是白

◥大到寺院和建筑物的大门，小到放置经文的橱柜，如同守护神般的人物图案是很常见的装饰。

◣宗教、文化以及制作者个人的奇思妙想充分地反映在这些精美的造型上。

BURMESE LACQUERWARE

◥以精美的泰国纺织品装饰的主卧处处散发着华美的气息。

◣深色调的木质墙壁和天花板搭配乳白色的西式皮沙发非常协调，壁上和茶几上摆放的各种精致泰式工艺品更彰显主人的身份和品位。

色茉莉花和黄色的金盏菊，它们被制成素雅的花环，散发着迷人的芬芳。这种技艺一直用于皇家的仪式和烹饪上，并发展成一种与众不同的装饰艺术。

当我们沿着以上仍不完整的脉络去审视泰国风格的时候，用佛像、木作、雕刻、丝绸等这些关键词试图去串连对泰国的总体印象，我们会发现经典的泰国设计是一种渗透着人生哲学的千年锤炼，一种“拈花微笑”的智慧，充满着无处不在的优雅、沁人心脾的沉淀，它反映着我们对心灵深处简单和宁静的眷恋。

Philippines 菲律宾

▼ 开放的空间顺着水池，显得非常舒适和静谧。

菲律宾位于亚洲东南部，由吕宋、米沙鄢和棉兰老三大部分组成。西濒南中国海，东临太平洋，是一个群岛国家，共有大小岛屿七千多个。这些岛屿像一颗颗闪烁的明珠，星罗棋布地镶嵌在西太平洋的万顷碧波之中，菲律宾也因此拥有“西太平洋明珠”的美誉。

1521 年麦哲伦踏上这个群岛时，正好是天主教宗教节日，于是就为群岛起了一个有宗教意义的名称——圣拉哈鲁群岛，但未被沿用。1542 年，西班牙航海家洛佩兹（Ruy L ó pez de Villalobos，1500—1546）继麦哲伦之后第二个来到这里，为了炫耀西班牙帝国的“功绩”，便以西班牙王子菲利普的名字，把群岛命名为菲律宾群岛。1898 年 6 月，

菲律宾人民推翻西班牙殖民统治，宣布独立，改国名为菲律宾共和国。

菲律宾聚居着约7000万人口，其中以马来人为主，混合着中国、美国、西班牙及阿拉伯血统。长时间西方殖民统治加上世界各地商旅络绎不绝，孕育出一个糅合着东、西方特色的民族。迷人的热带海岛景致，加上多元的文化冲突，成就了独具魅力的菲律宾建筑及居住文化。

历史名城、菲律宾首都马尼拉在展现着菲律宾浓郁热带风情的同时，更显现出其在公共建筑方面的光彩。市区的建筑可谓是东方与西方、质朴与繁华、古老与时髦的混合体。第二次世界大战前，马尼拉市区有十二座天主教堂，

◤让人一看就想坐下去的两件套躺椅，是在钢管的结构上用草蔓编制而成的。

◥菲律宾式长椅，带有拿破仑风格的弯头和精美的石头镶嵌工艺，与墙上名贵的宗教油画相映生辉。

◢花园里慵懒的躺椅，以名贵的马六甲藤编制而成，带有优雅的风格。

◣一个冥想的乐园，由红藤和竹子制成的家具散发出纯美的自然气息。

优雅的乡村风起居室，沙发由柳条编制而成。

这是具有典型热带特色的房子，藤的家具和竹编的顶以及庞大的屏风，显现出热带风情。

精美而繁琐的木雕工艺是室内的焦点，地毯也在呼应这个主题。

建筑都很华丽。第二次世界大战期间，大部分教堂被摧毁，只有圣奥古斯丁天主教堂被完整地保存下来。圣奥古斯丁天主教堂始建于1571年，墙垣、天花板和地板都用大理石砌成，天花板的石块上雕刻有各种花草，雕工细致逼真。马尼拉卡斯德拉尔天主教堂亦建于1571年，但曾多次受到损坏，共重建六次，1958年重建的该教堂建筑宏伟华丽，是菲律宾建筑艺术的典型。

民居方面，其建造则是典型的热带气候、海岛式生活及文化传统的结合。最鲜丽的颜色、最朴拙的形式、最天

然的材料、最简单直率的搭配，如此造就的生活居所就如同阳光和海水一样自然，毫无雕琢却丽色天成，并与海天连成一片，散发出让人无法抗拒的魅力。

菲律宾的室内设计风格是独特的热带风格，它与人们所熟悉的、传统的热带风格有所不同，天才的菲律宾人以其浓郁的亚洲热带风情、敏锐时尚的现代触觉，以及精湛的工艺技术，为热带风格作出了全新的诠释，无论是优雅知性、乡村田园、异国情调，还是前卫另类，都被表现得淋漓尽致，却又奇妙地统一在椰林树影的热带精神之中。现代感、民族风格和全球化在新热带风格中达到了完美的和谐境界。

菲律宾独特的地理、历史和人文条件赋予了菲律宾特有的、充满融合感的设计文化。很久以来，菲律宾就因品类繁多、极富热带色彩的手工制品闻名于世：从菲律宾竹

◥艳丽的色彩和华丽的细节体现出菲律宾寺庙建筑的特色。

◣东方式的餐厅宽大而优雅，带有悦目的橄榄色调。餐桌由刻花的木质底座和清爽的玻璃面板组成，而椅子上的套垫则出自菲律宾著名的亚麻制品。

THE ISLAND
ARTURO LUZ

◥宽大的窗户借景出一番天地，原始中有一种日本的味道。

◣传统的中式家具搭配充满“禅”味的现代油画作品，再加上茶几上一盆青翠的观赏竹，整个房间流动着一股清淡平和之气。

藤和精致木雕家具、手雕塑像、圣像，到以香蕉纤维或凤梨纤维手织而成的布料，以及家居用的薄罗纱灯、金银珍珠首饰、手制篮子器皿、蛇皮和鳄鱼皮产品、古董及贝壳工艺品等，不一而足。同时，西班牙式的欧洲古典风格、美国式的现代风格、亚洲各民族的土著风貌、天主教的庄严、伊斯兰教的神秘、佛教的淡定从容，都已经成为菲律宾人文血脉中不可分割的部分。各种文化的叠加给菲律宾设计带来的绝非表面化的多元和矛盾，而是水乳交融的迷人魅力。

新一代的设计师将传统的民族手工艺品提升为契合现代需求的设计作品——他们使用本土材料，如火山岩石、森林中的藤蔓、椰子壳、棕榈等，以完全不同的方式，敲打、挤压、打磨、编织、染色，造就了独具菲律宾特色的家居用品；他们结合了金属技术和天然藤条的编结技术，以藤条或蕉麻的编织品包裹立体的钢丝结构，制成拥有完美装饰曲线

◤由竹片、藤蔓、皮革等天然材料制成的沙发，散发着浓郁的热带风情。

的扶手椅子；他们使用椰子壳、水牛角、珠母等材料制成各种植物和动物主题的餐具和摆设；他们用海草编成时尚躺椅，用手工精制的纸做成灯具。

纤维、嫩枝和贝壳，再加上来自灵魂深处的创意，这就是现代菲律宾的设计——干净简洁、圆润流畅，富于现代感的几何线条，介于装饰艺术和包豪斯工业设计之间的廓形，以及极具自然感和本土气息的材料，既保留了自然的感觉，又如此地具有实用性，让手工的技艺、天然的材料、现代的品位和亚洲的韵味浑然一体，弥漫着一种轻盈的、决不会被混淆的优雅的热带气息。

◤现代造型的扶手椅搭配纯手工编制的靠垫，和谐有趣。

◥现代风格的落地灯，搭配黑色皮革扶手椅，以及黑色花盆和碗，出乎意料的和谐。

◣简洁的包豪斯造型扶手椅，搭配木质落地灯，现代感扑面而来。

◢竹墙、碎石地面、原木凳子、热带植物混合在一起，很有生机。

Vietnam
越南

西贡市政厅，建于 1901 年，是保存最完好的法国殖民时期建筑，因为与巴黎市政厅的极度相似而闻名。

从地图上看，越南就像一个妩媚丰润的 S 形，盘桓在中南半岛的东部，东西最短距离只有 50 千米，而南北最长距离则达 1000 多千米。东临北部湾和南海，南濒暹罗湾，有着漫长曲折的海岸线。北部与中国的广西、云南两省接壤，西边紧靠老挝和柬埔寨。

从考古的角度来看，红河三角洲地区的人类遗迹可以追溯到旧石器时代，根据有文字可考的历史，在自秦汉以来的千年中，越南一直归于中国版图，直到公元 968 年，越南首次立国，成为独立国家，但仍为中国属国，越南之名也是明朝嘉靖皇帝所定。1858 年中法战争后，越南成为法国殖民地，第二次世界大战中，日本取代法国对越南进

行统治，其后这片苦难深重的土地又先后陷入越法战争、越美战争等多年战乱，直到1976年才终于恢复和平状态。

越南的文化脉络较之颠簸的历史倒是清晰得多。从先秦时代开始，汉学和儒家思想便逐步地浸透了越南人的生活，在风俗民情、政治制度、文学艺术、建筑装饰等各个方面都产生了广泛而深远的影响。而19世纪后统治了越南的法国人也留下他们鲜明的文化烙印。东西方强势的文明和越南本土的原住民文明在不同时期里相互融合，共同创造出了独特的越南风格。

中国风格的影响较多集中在越南的古典建筑中，最具典型意义的，是中部的名城顺化和会安。作为越南著名的古都，顺化曾先后成为旧阮、西阮和新阮的都城。历代皇帝穷一国之力打造出的“皇城”，面对香江，背靠御屏山，

◤顺华皇城月亮门，在古代是帝王专用的城门，中央的门楼上是明黄的琉璃瓦，还有五只凤凰的装饰，国王在庆典的时候会出现在那里。

◥明命陵是一座风光优美的陵墓，被花园、池塘、湖水所环绕，应该是出自占卜师的建议。

◢25米的三层门楼，是顺化最为高大的建筑物，始建于1821年，门前还摆放着同时代的华美的青铜祭器。

◣渔村的房子，远离城市的喧嚣。

◥越南人喜欢用当地传统的蓝色装饰自己的居所。

◤越南民居的建筑材料依各家的经济条件而异，一般采用当地现成的木、竹、泥、石等。

◣屋檐下是有成排柱子的廊檐，在这些简单朴素的外形里，越南传统民居蕴涵着越南民族经久不衰的顽强生命力。

其规模建制完全是中国故宫的翻版复刻之作。目前仍然留存的午门、和平门、显仁门、彰德门四个城门，清晰地显示出庄重堂皇中轴线对称式布局，而在飞檐翘角的细节装饰方面，则呈现出明确的越南民居样式，只是更加复杂和华丽。会安是越南华侨的聚居地，保存着大量轻灵睿智的中式民居：小巧的闽粤庭院，讲求自然的名士风格，方寸之间步移景换，充满儒家的审美趣味，搭配城中的青石路，玲珑石桥，城外秀丽的山水，俨然一座时光之外的中国城，成为越南最具历史感的名胜之地。

法国风格给越南带来了更多具有对比性和冲击力的美丽，西方古典建筑风格和热带风情的结合有种出乎意料的和谐感。被法国人长期当作印度支那首府的西贡，是人们口中“东方的巴黎”，市中心的风景一如香榭丽舍大道：

一条条大路以红教堂为中心向四方辐射开去，道路两侧绿树成荫，碧草如织，高低错落的欧洲古典风格公共建筑掩映其间，咖啡馆和小酒吧星罗棋布，意态撩人。西贡最著名的地标红教堂始建于 1877 年，完全由法国马赛进口的红砖建成，历时一百三十余年却毫不褪色。高达 40 米的两座钟楼直插云端，是巴黎圣母院的设计，在阳光下仿佛永不熄灭的火焰。外部门廊等部位布满精美雕饰，内部四周均为小祈祷室，每间的神龛、雕塑及装饰各不相同，线条简洁却结构繁复，令人叹为观止。此外，中央邮局华丽的古典拱形穹顶，市政厅遍布廊柱、门框和屋檐的生动活泼的细部人物雕塑和马赛克外立面，还有独立雍容庄重的对称式庭院设计和富丽圆润的巴洛克装饰，一起伫立在湄公河的出海口边，记录着曾经的征服，含蓄而骄傲。

河内则是另一个建筑的奇迹。法国风格的影响更多地

高台庙的设计风格甚至有点像一座天主教堂，有宽敞的中厅和走廊，廊柱和屋顶都绘满了精美的花纹，是一个为老子、孔夫子、佛陀和耶稣共同预备的圣殿，非常特别。

房间中奢华的陈列品暗示主人不凡的社会地位。

◥房间的隔断由富于装饰性的编织板完成，竹子无处不在，趣怪的小凳子，地板的材料则是藤条。

◤越南风格的草屋别墅，是一种在海洋和热带丛林风格中游荡的独特品位，可以在花园中享受清茶和微风，并且远眺远处的大海。

◣装饰艺术风格的书桌放在由竹子和藤条构建而成的空间内，别具一番韵味。

◢卧房是生态居所的最佳范例，全部以自然材质在树林和岩石间建成。

体现在建筑的结构和范式上。越南传统建筑的规模、材料和结构都发生了彻底的改变，后来被西方称为印度支那风格的现代越南建筑装饰风格得以确立，法国建筑师赫布拉（Ernest Hebrard，1875—1933）对此居功至伟。赫布拉的视角远远高于一般意义上的建筑设计师，他对于人文、气候和建筑之美的综合把控能力将河内打造成了一个兼具古今中西的魅力都市。赫布拉在对称的平面上大量使用斗檐、椽子和檩子，鱼鳞式的堆叠屋顶、飞檐和圆窗作为装饰细节，又以盖瓦、走廊、廊檐、厚墙、檐子和对流孔等功能性结构让房屋富于舒适性，冬暖夏凉，自然通风，防雨防晒。宽阔的林荫道和广场将建筑物连接起来，与河流、湖泊、草地相映生辉。赫布拉让河内的建筑与当地气候、生活条件紧密相关，功能、美观和文化传承得到完美的融合，成就了一种独特的美学风格。

花园中的浴室，带有些日式风格，充分展示出主人对越南当地材料和手工的热爱。

此外，港口城市岘港在阳光下如海鸥飞翔的纯白建筑，度假圣地芽庄掩映在椰林树影间，一栋栋开满鲜花的浅粉色小楼也都是越南风格中非常吸引人的元素。不得不提的还有最为原汁原味的高脚屋：以茅草、竹子、木材等自然材质搭建而成，屋脚悬空架构轻盈，通风散热，下层可圈养牲畜，也可防止动物爬虫侵扰，极具越南地域特色。

具有艺术风格的起居室，墙上的画来自越南当代知名的艺术家，19世纪木雕佛像为空间带来宁静的气氛，沙发上装饰着来自少数民族的手工纺织品。

Cambodia
柬埔寨

◤ 巴戎寺的四面佛，一说为观音菩萨，或梵天。这种观世音菩萨造型的四面塔，不仅在巴戎寺，而且在圣剑寺、塔布茏寺、塔逊寺、班黛喀蒂寺等多个地方的巴戎寺式的寺院都可以看到。

柬埔寨位于中南半岛南部。东部和东南部同越南接壤，北部与老挝交界，西部和西北部与泰国毗邻，西南濒临暹罗湾。在这里，公元 1 世纪时即已出现了国家，史书称它为“扶南”，统辖地区大约在今湄公河三角洲和湄公河下游一带。原来的扶南王是女性，1 世纪末或 2 世纪初被一名叫混填（Kaundinya）的外国王子征服，建立了柬埔寨历史上的第一个王朝。这个王朝后又被范氏王朝推翻。范氏扩张领土十分成功，统治曾经达到今柬埔寨和越南南部的广大地区，势力则到达今老挝、泰国境内以及马来半岛南端。4 世纪中期，一个天竺（印度）人来到扶南当上了国王，史书称他为旃檀（Candana）。旃檀之后，又一位来自印度的

婆罗门当了扶南王。如此，扶南不断印度化也便顺理成章了。旃檀还把伊朗的雕塑艺术带入了扶南。佛教、婆罗门教也于那时传入了这里。那时的建筑更有很大发展，国王“居重阁”，并“起观阁，游戏之”，民房则建在规整的台基之上，“伐木起屋”；人们又好雕文刻镂，食器多以银为之，天神以铜为像。

6世纪中期，扶南北方的属国真腊兴起，灭扶南国。真腊的高棉人（吉蔑人）在今森河附近的三坡布雷卡建立新都城，到著名的阇耶跋摩一世（Jayavarman Ⅰ）统治时（655—681年），真腊王国势力达于鼎盛，领土不仅包括今柬埔寨和老挝南部，还包括泰国西部广大地区。阇耶跋摩一世又建立了新都普兰陀罗补罗（Purandarapura），就在后来的吴哥附近。8世纪后期，真腊被爪哇的夏连特拉王朝征服。真腊时期的柬埔寨文化，又称前吴哥文化，为后来辉煌的吴哥文明打下了坚实的基础。其国都建造有大量的建筑，竖立了不少刻有铭文的石碑。建筑主要是塔，大多用砖石建造，有单座塔，也有许多塔连在一起的塔群。塔的上部用砖向

◤精美的石雕表现了高棉能工巧匠的卓越艺术才能。

◥面对精美的古建筑，总给人一种穿越千年的震撼。

◣寺庙是女神集中的妖艳世界。每尊女神像的纱衣、装饰品，甚至表情都有微妙的变化。

◢在这作为坟墓的寺庙里，柱子、墙壁、天花板等，所有能看得见的部分都被雕刻了精美的浮雕。“建筑避免空白的出现”，是这里的建筑哲学。建筑如同覆盖着一层精心编织的幕布一般，让人感到追求完美的意志的一种“病态的执拗”。

◣古旧的建筑中，最引人注目的就是精美的石雕。

◥巴戎寺回廊中骑着战象率领军队作战的高棉国王浮雕像。

◤巴戎寺第一回廊南面，庆祝胜利的庆功宴的烹饪场面。中间部分刻画的是清炖全猪的场面，右侧的人在烤香蕉，左侧的人在做饭。运送汤水的人物形象也在其中得到了表现。

◣舞蹈的天女阿普萨拉，是吴哥寺庙雕刻的主题之一，在荷花上跳舞的飞天。

上堆积，以形成屋顶，平面多为八角形。雕刻特色是湿婆风格，雕饰丰富。至今在三坡布雷卡附近仍存有古都遗址。真腊信奉婆罗门教，但佛教（大乘佛教）亦流行。真腊早期国王多信仰湿婆教。

802年，阇耶跋摩二世在后来吴哥城北面的摩诃因陀罗山（今荔枝山）建立新都摩诃因陀罗跋伐多（Mahendraparvata），并在此正式即位和宣布独立。他建立了一种源于湿婆教的新信仰，被称为“提婆罗崇拜”或“天王教”。从这种意识出发，把林伽供奉在神庙之内作为崇拜的偶像，神庙建在庙山之上，庙山又必须在都城的中心。庙山多呈层级式（或称金字塔式），象征婆罗门教诸神居住的须弥山（世界的中心）。每位国王都要建立一座庙山，用以保存象征自己的林伽。国王在世时，它是庙宇，死后即为他的陵墓。这种寺庙被称为“国家寺庙”。阇耶跋摩

二世在荔枝山上建立了这种供奉林伽的神庙，以象征王权。在吴哥王朝的数百年间，每个国王都是如此，这也是吴哥至今仍存有众多庙宇的原因之一。

历史学家把802年作为真腊摆脱爪哇统治恢复独立的一年，也是吴哥王朝开始的一年。这个王朝统治时期，扩大领土，兴修水利，大量建造寺庙，阇耶跋摩二世建造的古都诃里诃罗洛耶（Hariharalaya）附近的罗洛寺群就是吴哥时代早期的建筑物，标志着吴哥古典艺术的开端。到耶输跋摩一世（Yasovarman Ⅰ）时期（889—900年在位，一说他统治到910年），这位英明之主于890年迁都于今吴哥城地区，围绕地势较高的巴肯山（Bakheng）麓建造新城，称为耶输陀罗补罗（Yasodharapura）。都城筑有城墙和护城河。耶输跋摩一世在巴肯山上修建了巴肯寺，它有分层排列的一百多座大小塔，中间的塔内供奉着他的象征——婆林伽。这座城市为后来的吴哥城奠定了基础，史称第一吴哥城。他还是一位在宗教方面宽容大度的人，在

◤双人形高脚屋，屋顶大多覆瓦或茅草、棕榈叶。

◥高脚屋因为所处地区的不同，房屋被架高的高度会有所变化。

◣山地高脚屋，平面呈长方形，分上下两层，下层架空，有些民族在下层圈养畜禽。

◢阔檐屋顶，房屋有回廊。宽阔的回廊甚至可以放置竹床，可纳凉。

◣不大的院落，被布置得井井有条。

◥位于金边的王宫，始建于1866年。王宫最初为木质结构，之后于1919年在西索瓦国王年代，由法国建筑家重建成为今天的王宫。

◤黄色的建筑明显带有强烈的宗教色彩。

◣这是位于王宫中央位置造型稳重的加冕厅，高59米，顶部是一个佛像头，屋顶呈金色，让人印象深刻。

各地建立了包括湿婆教、毗湿奴教和佛教等各教派在内的寺庙一百多座，其中最著名的是帕威夏寺（Preah Vihear Temple）。班迭斯雷寺（Banteay Srei）常被称为“女王宫”，以其精美的雕刻成为吴哥艺术中的一颗明珠。还有傲然矗立于丛林中的茶胶寺（Takeo Temple），它是第一座全部以砂岩修建的寺庙，其五座塔式（金刚宝座式）的布局被认为是吴哥寺的先驱，可惜没有完全建成。

1010年以后，吴哥王朝进入第二时期，最著名的“空中宫殿”就是在这个时期完成的，这是第一座围有城墙的王宫，并与先前的以木材建造王宫的传统不同，它是石结构的建筑。位于吴哥城西边的大水库“西池”也是这时期兴建的，它比之前建造的“东池”大两倍，至今仍能蓄水。发达的水利设施，加上吴哥地区富饶的土地，到1113年柬埔寨历史上赫赫有名的君主苏利耶跋摩二世（Suryavarman Ⅱ）登基后，这个王国成了中南半岛最强大的国家。苏利耶跋摩二世是吴哥古迹中最著名的建筑——吴哥寺（Angkor

Wat，一译吴哥窟，又称小吴哥）的创建者。这座建筑在他统治期间不断在建造，一直到他1150年死时仍未完成，直到1201年才告竣工。这座寺庙与众不同，它的正面向西，这是因为苏利耶跋摩二世信仰毗湿奴，他为毗湿奴神建造了这座庙宇，同时也作为自己死后的陵墓。它至今保存良好，被认为是全世界最大的宗教建筑，其建筑技术和雕刻艺术标志着吴哥艺术的顶峰。柬埔寨的国旗上就有其图案。此外，班迭色玛寺（Banteay Samre）、托马侬神庙（Thommanon）、周萨神庙（Chau Say）等寺庙也是在他在位时建造的。他被称为伟大的建筑家。在他之后，著名的阇耶跋摩七世（Jayavarman Ⅶ，1181—1215年在位）不仅拯救国家于危难，而且开疆拓土，建立了空前强大的吴哥帝国。他与以前的国王不同，信仰大乘佛教，重新规划建设了吴哥城（Angkor Thom，一译吴哥通，又称大吴哥），城平面为正方形，周

◥房屋回廊，防止躺椅用于纳凉，甚至不忘布置三两陶罐，两束茅草，野味十足。

◣在这片肥沃富庶的土地上，植物都似着了魔地伸展，花枝乱颤，斑斓耀眼。在这里，似乎只有这样素净的一个屋子，才能让我们跳跃的心得以释然，安然入睡。

◥出于遮阳、避雨、通风、防潮、隔热等需求，大屋顶的民居适宜柬埔寨的湿热气候。立面形式开放通畅，简洁完整。

◤较为考究的房屋，竹木仍然被作为主要建材。

长 12 千米，有 5 座城门，城门上方是四面佛（即观世音，或梵天）雕像。城的中央是著名的巴戎寺（Bayon），这是一座金字塔式佛教寺庙，建有大大小小 54 座塔，每座塔也都有四面佛雕像，据说那就是国王本人的面貌，面露微笑，被誉为“高棉的微笑”。巴戎寺稍北即为王宫。他还建造了许多其他著名佛教寺庙，如为母冥福建造的塔布隆寺（Ta Prohm），为父冥福建造的普拉坎寺（Prah Khan，又译圣剑寺），以及班迭克德寺（Banteay Kdei）、塔逊寺（Ta Som）等。13 世纪末后，随着小乘佛教传入柬埔寨并成为统治宗教，吴哥地区也就不再建造寺庙了。1431 年后国王放弃吴哥，迁都金边，吴哥时代告终，至此始称柬埔寨。

Laos
老挝

◤老挝寺庙甚多，僧侣则更是享有崇高地位的特种人群，出家人是这个国家的骄傲和标志。
◣亚热带的植物热情地展现于四处，老挝的风俗人情就这样蔓延在我们眼前。

一个戴斗笠的中年男人，骑在大象上，穿梭于弥漫着浓雾的丛林之中，他惊愕地回头探望……这是一张由《美国国家地理》杂志的摄影师所拍摄的照片，这或许就是外人对老挝神秘而原始的印象。这个东南亚唯一的内陆国，虽然近在咫尺，却又是那么的遥远而陌生。它既没有吴哥那样的大手笔，也没有普吉、苏梅那样的世外海岛，但这些却恰恰成为它的幸运——未曾站在风口浪尖，也就因此保留了东南亚的原始韵味。奔流不息的湄公河、肆意蔓延的野草古树，于粗犷中自有一股笨拙的温柔情意，默默涌动。这个狭长的国度，就像一幅形容模糊的水彩画，景也淡淡，人也淡淡，如同另一个隐于世外的天堂。

老挝是中南半岛上的一个内陆国家，北临中国，南接柬埔寨，西面以湄公河为界与泰国相望，东面则以安南山脉与越南隔山而居，其国境线是按当时殖民的英法势力划定的。境内山峦起伏、连绵成片，其地形以山地和高原居多，且多被森林覆盖。地势北高南低，北部与中国云南的滇西高原接壤，东部老越边境为长山山脉构成的高原。全国自北向南分为上寮、中寮和下寮，上寮地势最高，川圹高原海拔 2000 至 2800 米，最高峰比亚山峰海拔达 2820 米。由于整个地势在中南半岛上较高，故有“中南半岛屋脊”之称。老挝境内河流众多，河网密集，发源于中国的湄公河是最大河流，流经西部 1900 千米。这里属热带季风型气候，季节性温差变化不大，全年没有春夏秋冬之分，只有雨季和旱季两个季节。

回望一下老挝的历史，直到 1949 年，它都不是一个独立的国家，最接近国家状态的，恐怕要算 14 世纪时的澜沧王朝（老挝语意为“百万大象之地”）了。然而把老挝历史上第一个统一政权的首都设在琅勃拉邦则是在 1353 年国

◤丛林中的茶室尽显优雅姿态。

◥高脚屋的结构可避免洪水冲击，另一方面也争取了更好的自然通风。

◣院落中随意摆放着各式陶器，屋檐下的老式坐椅更显悠闲。

◢院落中树木摇曳，建筑显得悠远深邃。

◣浑厚纯白的墙面在棕榈的点缀下有着一种耐人寻味的悠远。

◥河边的茶室，尽享自然纯真的味道。

◤被绿植环绕的休闲区，在这里读书、喝咖啡一定十分惬意。

王范甘统一老挝之后。1545年，老挝迁都万象，18世纪初逐步形成琅勃拉邦王朝、万象王朝和占巴塞王朝。1779年至19世纪中叶被邻国暹罗（今泰国）征服。1893年后老挝逐步沦为法国的保护国，但国王王宫仍然设在琅勃拉邦。1940年老挝被日本占领，1945年10月12日宣布独立，1946年法国再次入侵，扶植国王复位。1975年12月2日老挝废除君主制，成立老挝人民民主共和国。

不经意间，历史彰显了老挝最重要的两个城市：琅勃拉邦与万象。

老挝人常把自己祖先居住的地方称为“黄金大地”（稻田与鱼塘王国）。据说这块土地富含黄金，人们赌博、斗鸡都用金条来做赌注。古印度人也曾认为这块土地富藏金子。传奇的色彩也有一定的可信度，因为老挝古都琅勃拉邦的旧名取为香通，就是“金城”的意思，它位于北部高

原的中心地带，紧紧被湄公河与南康河环抱。从空中俯瞰，两条河交汇的地方就像一个突出的半岛，拥抱在山明水秀间。在旅行书上，琅勃拉邦的关键词是法国殖民建筑和佛教寺庙，前者是逝去的美好时光，后者是浓郁的东方情调。如果想体会时光缓慢流逝的感觉，到这里来走一遭，体验这座于1995年被列为世界文化遗产的美丽山城，你可以选择穿梭于大街小巷，也可以到古刹寻找不同寻常的灵感。

法国殖民时期（1893—1954年）留下的印记让琅勃拉邦变得璀璨耀眼。结合欧洲城市概念以及“混搭”的殖民地建筑式样，琅勃拉邦的建筑成为这个山城最迷人的街道景观，犹如老挝的建筑缩影。传统与现代、东方与西方在此交融，故而它有“东南亚保存最完整的古城”之称。琅勃拉邦并不大，穿梭巷弄间却趣味无穷：浓郁的法式殖民风情、自在悠闲的渡假情怀，总教人忘了时间。约600米长的素有“法国街”之称的沙卡拉路上多是餐厅、咖啡馆、

绿水之上、睡莲之上、砖砌的支撑物之上，滨水吊脚楼散发出特别的老挝风情。

建筑徜徉在绿意盎然、流水潺潺的湿地中，宛若仙境。

绿树掩映中，村舍在水的掩映下显得灵气十足、清新宜人。

◥老挝仿佛生活在过去和将来之间，生活在时间的缝隙里，那么多年过去了，都未曾改变什么，土黄色的传统民居显得如此安逸和满足。

◣大量古老的陶器充满空间，展现出主人与众不同的品位。

书店、工艺品店。选家灯光美、气氛佳的咖啡厅坐下，任由时光冉冉流逝，享受山城况味，所谓“Time stands still”大概就是指这种“偷得浮生半日闲”的心境了。

琅勃拉邦还拥有世界上最美丽的庙宇。三十多个传统庙宇当中，以1560年建造的香通寺最为知名。香通寺贵为皇室专用的庙宇，装饰极尽奢华。它最为人称道的是几乎贴触地面的三层飞檐建筑，远远望去犹如美丽的长发覆盖地面。此外，墙后用琉璃碎片拼贴的一幕幕深刻动人、栩栩如生的壁画亦令人流连忘返。皇宫博物馆则是另一个值得前往的好去处。这座1904年法国殖民时期所建的皇宫，原为老挝末代皇室家族所居住，现改为博物馆。在大厅、接待室、寝室、餐厅等12个房间内均摆放着当时皇室使用过的物品以及近代各国馈赠给老挝国王的礼物，其间还有

中国明、清两朝所送的皇家档案。每天清晨，在这座城市中修行的僧侣会整齐列队，沿街化缘，布施者安静地跪在地上，虔诚地将糯米饭放在每一个路过的僧人的钵盆里，直到最后一个僧人走过。老挝人一天的生活就在这氤氲的糯米香气中开始了……这个传统习俗风雨无阻地延续至今，已有700多年的历史。

新的首都万象也如老挝其他城市一样，小巧精致，即使步行也可以丈量。这也许是世界上唯一一座与邻国毗邻的首都，隔河远望，泰国北部的城市轮廓清晰可见。与琅勃拉邦一样，万象集合了老挝佛教建筑的精华，尤其是塔銮寺，堪称一颗璀璨的明珠。万象古名赛丰，16世纪曾名万坎，意为金城，而塔銮，正是一座金碧辉煌、气势恢弘的古建筑，存放着老挝历代国王和高僧的骨灰。佛塔金碧辉煌，在一天的任何时候都熠熠生辉，尤其是在太阳的余晖下，金塔更加耀眼夺目。在万象城的中心，还有一座仿

◤金色的墙饰尽显雍荣华贵的品质。
◥粗粝的木凳将浴室的自然之美表现得淋漓尽致。
◣随处可见的佛造像弥漫着宗教的浓郁气氛。
◢屋内设计以原木为主，整个空间显得天然舒适。

◣纯朴的民居无不映衬着老挝的宁静、内敛与温顺。

◥咖啡色的花纹配以纯白色布料，整个内居环境显得清新温暖，弥漫着一股怡人的田园风。

◣原木色与海蓝色的搭配自然又清新，增加了空间的灵动感。

巴黎凯旋门而建的小凯旋门。这个殖民地的烙印现在成了万象人下班后的休闲广场，人们在这里拍照留念，谈情说爱。入夜后广场的音乐喷泉响起，行人驻足歌舞，充满了安逸与满足。这是老挝的节奏，缓慢的，但却洋溢着令人羡慕的幸福感。难怪一个法国摄影师在老挝拍摄了一年后，留下了这么一句话：老挝仿佛生活在过去和将来之间，生活在时间的缝隙里，那么多年过去了，都不会改变什么。

在老挝，生活犹如梦境。不过，当地人灿烂的笑容和清澈的眼神又时常会把你从幻觉中拉回来，令你感到真实得不能再真实的心灵震撼。这里没有铁路、高速公路，有人形容它是“猫”，宁静、内敛和温顺，而老挝的城市，就像猫的眼睛，深邃而充满了色彩。与泰国的喧嚣，越南的拥挤，柬埔寨的世故，缅甸的封闭相比，老挝就像一杯醇醇的老酒，独自在地窖里发酵，余香幽长，味美醉人。

Myanmar
缅甸

每个缅甸的男人都要度过一段寺庙中的日子，以此学习淡泊喜乐的生命态度。

在中国人眼中，缅甸一直是个遥远而神秘的地方。据传公元1106年，缅甸使节随着大理使节到访宋朝，宋人以其地道路遥远，关山阻隔，因此称之为“缅”，又因中缅边界一带习惯称山间谷地为“甸”，两字合一，就给这个远方的国度起名叫做“缅甸”，传情达意，朗朗上口，很合乎堂堂天朝大国雍容典雅的气派。不过，国际通用的缅甸国名来源于其国内的第一民族缅族名称的罗马拼音，之前是Bumar，后来又修订为Myanmar，后者据称更加接近缅语的发音。

缅甸位于亚洲东南部，北部和东北部与中国的西藏和云南接壤，西部紧靠印度和孟加拉，东部邻国是老挝和泰国。

缅甸的国土东西窄，南北长，形状很像一块钻石，盘踞在中南半岛的西部，南部和西南部面向温和湿润的安达曼海和孟加拉湾。在印度洋的热带季风的吹拂下，缅甸的一年按着凉季、热季和雨季交替轮转，草木丰茂，鲜花盛放，拥有极为美丽的热带风光。

关于缅甸的历史，目前已知的最早记录来自中部山区的“巴玛人”化石，可以确知在旧石器时代当地已经有人类活动的痕迹。在著名的帕达林洞穴岩画中，关于渔猎和种植的场景描绘，生动地反映出缅甸人从上古原始社会到早期阶级社会的演化过程。公元前3世纪左右，在南部的锡唐河口和北部的伊洛瓦底江下游，开始出现一些零星的小国，其中较为主要的是骠国。骠国创造了缅甸早期灿烂的文化，他们有发达的农业和手工业，崇尚原始的拜物教，也开始接受从印度传入的佛教和印度教，在建筑及音乐等方面均有相当高的成就。骠国的首都叫做“室利差怛罗”，

◤雕工精美的佛塔，是早期印度风格的遗迹。

◥佛塔千姿百态、金碧辉煌，是缅甸人精神的依托。

◢寺塔合一的建筑，是蒲甘时期的典型特色。

◣高脚茅屋是缅甸民居的特色，轩敞通透。

朴素的廊桥显示悠闲的乡间风味。

缅甸风格的装饰细节，在垂檐的栅条上显露无余，琴键般的序列仿佛随时有乐声传来。

梵文的意思就是“幸福的土地”，这个颇有些预言味道的名字成为了以后历代缅甸国民性格中不曾改变的核心基调——无论沧海桑田，无论贫富贵贱，心中总有平静和满足，生命也仿佛蝴蝶一样美丽而悠闲。

骠国存续到公元9世纪中叶，缅族逐步成为缅甸的主导民族，他们在1044年建立了统一的国家，先后历经蒲甘、东坞和贡榜三个王朝，直到1824年英缅战争爆发，缅甸沦为英国的殖民地。1886年，英国将缅甸划为英属印度的一个省，其管辖权延续到1948年缅甸正式宣布脱离英联邦独立。但是新生的缅甸政府并没有建立起一个稳定的国家，1962年缅甸发生军事政变，进入军政府统治时期。从那时到现在，缅甸在外部世界的眼中，始终有一份禁忌的感觉，常常使人联想到“隔绝在热带丛林中，遍地宝石和罂粟的

金三角”，其真实的面貌反而有些模糊不清起来。

要描绘一个真实的缅甸，其实非常简单：室利差怛罗——幸福的土地。缅甸的自然景色已经足够令人着迷。伊洛瓦底江、萨尔温江从号称“中南半岛屋脊”的开卡博峰终年积雪的山峰中发源，所经之处群峰耸立，水光潋滟，植被丰腴，直到仰光，汇入印度洋，一路稻田金黄，天色澄青，还有波光如镜的因莱湖，碧海银滩的若开海岸，映衬着塔林如画的曼德勒、蒲甘、卑谬等风姿各异的古都，可谓是风光无限。但比自然美景更加令人流连忘返的，是缅甸独特的文化景观——随处可见的寺庙和佛塔。

缅甸成为一个“佛光普照”的国度的历史，可以上溯到2000多年前。传说公元前6世纪，孟族商人德波陀和巴俐伽兄弟前往印度经商，皈依了佛门，回国时将佛祖所赐的8根圣发带回故乡，修建了一座佛塔供奉，时刻朝拜，

◥别局匠心的砖饰外墙，线条排列出奇妙的韵律感。
◢庭院式的佛塔，每一个都是一份永恒的盼望。

◣重檐的屋顶来自邻国风格。

148

◥明亮的阳光，浓绿的树影正是热带度假的滋味。

◤明媚青翠的山水，是东南亚热带风情的最佳注脚。◣水边的高脚屋展示着这个国度特有的原生态的淳朴美。

后人将之视为缅甸宗教建筑的开端。这个时期的佛塔建筑风格带有强烈的锡兰印度风格，著名的包包枝塔、帕亚基塔、帕亚玛塔都是其典型的代表。寺塔建筑大体上为高塔型，也称巴高达，但有佛塔和寺塔两种形式。前者叫做泽蒂，相当于印度的钟形佛塔，基坛重叠数层，顶上最初为锡兰式圆锥型相轮，以后成为载着细高的飞提。后者是祭祀佛像的佛堂，屋顶部为悉卡罗式或泽蒂式高塔，有妩媚的细尖顶直插天际，优雅的伞盖是装饰的重点。

公元1044年后，蒲甘王朝兴盛起来，确立了小乘佛教的国教地位，寺庙和宝塔被大量建造起来，仅蒲甘一地就有4000多座不同形制的佛塔，锥体形、悬钟形、复钵形和综合形，也有拱形、方形和石窟形，不一而足，蔚为壮观。蒲甘时期的佛塔已经具有了鲜明的缅甸风格，寺塔一体，塔体多用砖石砌成，喜用雕塑装饰，莲花瓣、苦阑叶是最常见的纹饰图案，佛窟的结构从外墙到中心，不用一根木柱，全部采用拱顶，巧夺天工。最具代表性的阿难陀寺，平面呈十字型布局，四面出口均为大型拱门，复钵型的塔身通体洁白，宝象庄严，与四面佛堂浑然一体，主塔周围均匀地建有许多小塔，形成众星拱月的烘托气势，充分展现出和谐、完善、圆通、平衡的审美趣味，成为以后缅甸建筑的传统范式。

古都曼德勒最能体现缅甸世俗生活和宗教生活的高度统一。从曼德勒山顶俯瞰小城，青翠的原野上阡陌纵横，蓝天白云，绿树红花，金碧辉煌的寺庙如星点缀在旖旎的热带山水之间。当落日的余晖把江水染成明媚的金红色，雪白的佛塔则如同葱郁的树林，悠然挺立，着实无愧被称为东亚最美的夕阳之景。

不过，圣洁纯美并非缅甸风格的唯一特色，旧都仰光则为它华丽堂皇的另一面作出了最好的诠释。作为世界上

◤盘旋的木楼梯里，藏着主人童年有趣的记忆。

◥农家的厨房，处处可见生命的绿色，藤编的器皿随意而空灵，颇具佛理。

◣传统的缅甸人家居中并不多见复杂家具。

◢简单的衣箱足够全家人的需要，物质可以很低，灵魂可以很高。

◣繁琐富丽的木雕，展现缅甸名贵的硬木，是最具特色的家居装饰风格。

◥七彩的手工笼萁，是缅甸人生活中美丽的点睛元素。

◤坐在这么美丽的院子喝一杯下午茶，一定是最惬意的事情了。

◣几乎扑进窗户来的绿意，是浪漫的热带度假梦想。

最重要的宝石产地之一，缅甸向来以名贵的红宝石、蓝宝石、翡翠和玉石出产而著名，体现在建筑装饰上就更是风格独特。典型的代表是仰光的大金塔，塔高 110 米，周围有 64 座小塔环绕，塔身贴满超过 7 吨重的金箔，四周挂有 1065 个金铃、420 个银铃。在塔顶的金伞上还镶有 5448 颗钻石和 2000 颗翡翠，建造者和历代的修缮者仿佛有把整个国家的财富都放了上去的敬虔之心，把最好的献给灵魂的居所，正是缅甸人文价值观最直接的表露——不在乎财富的多少，只在乎心灵的澄净。

据不完全的统计，缅甸有超过 10 万座寺庙，330 万座佛塔，人有“缅国佛塔不知数，多少浮屠，椰风蕉雨中”之叹。笃信佛教的缅甸人生活中最重要的事情，就是奉献财物修筑佛塔，用最虔诚的心祈祷未来的福分。佛塔之于缅甸人绝非过往岁月的纪念碑，而是漫长的生命在轮回里千百次的重生，每一次的重生都是一份新的美丽。两百年前的英

◤这样别致而简单的收纳空间，从色彩上就能看出喜乐的心情。

◢坛坛罐罐，最平淡的世俗生活也可以充满睿智的禅意。

国殖民者把缅甸称为“蝴蝶的国度”，八十年前的美国总统胡佛感慨“缅甸人是亚洲唯一真正感觉幸福的民族”。对现实生活的坦然无碍，对精神世界的宁静守护，组合出独一无二的悠闲的气度之美，构成缅甸人文情怀不变的精神内核，在如林的浮屠中，一次次被塑造，描摹，雕刻，成为充满天地的生动气韵，在一呼一吸里代代传递下去，直到未知的永恒。

中国

◤ 没有精致的家具，陈列架、板凳、鹅卵石，看似陈旧的种种物件组合出一派中式的乡村气韵。

中国位于亚洲东部和中部，太平洋西岸，是一个背陆面海、海陆兼备的国家。中国是世界四大文明古国之一，有着悠久的历史，劳动人民用自己的血汗和智慧创造了辉煌的中国建筑文明和装饰文化。

中国的古建筑是世界上历史最悠久、体系最完整的建筑体系，从单体建筑到院落组合、城市规划、园林布置等，在世界建筑史中都处于领先地位。中国建筑独一无二地体现了“天人合一”的建筑思想，以中国文化为中心，以汉族文化为主体，主要形式特征有以下几方面：一，多以群体组合的形式构成丰富的空间序列，如以十字轴线展开的坛庙建筑，以纵轴为主横轴为辅的民居和宫殿建筑，以曲

折轴线展开的园林建筑；单体建筑造型有一定的规格程式，如殿、亭等都由台基、屋身和屋顶组成，同时各部分之间都有一定的比例；木结构的梁架组合形式所形成的体量巨大的屋顶，与坡顶、正脊和翘起飞檐的柔美曲线，使屋顶成为中国建筑最突出的形式特色；室内空间处理灵活多变，常用板壁、木隔扇、帐幔、屏风、博古架等隔出大小不一、富有变化的空间，产生迂回、含蓄的空间意象；注重建筑构件的色彩和装饰彩绘的表现性，并以此标示等级与功能的差异等。中国地大物博，在建筑上也按地域的不同出现了很多的样式，如北方的宫殿、王府、四合院，南方的园林、私邸等。近代，发生了前所未有变革的中国在建筑方面也呈现出新与旧、中与西复杂交织的特殊面貌。20世纪以来，西方建筑在中国各大城市的租界大量出现，至20世纪二三十年代，中国建筑开始向“摩登建筑”方向转化。

◤改良后的古典家具在室内尤为瞩目。

◥现代工艺的大幅壁饰明显借鉴了中国绘画的大写意手法。

◣白色的官帽椅一改传统沉稳的个性，凸显出典雅清新的神韵。

◢小巧的角落里极具文化气息。

◣古典造型的坐椅和典型的欧式挂镜相呼应，混搭风十分明显。

当代，现代建筑和居民住宅遍及全国。

然而，随着“欧陆风”“北美风”等西方建筑风格被演绎到极致，一些具有探索和创新精神的房地产商和中国建筑师开始尝试如何在现代化的住宅中回归本土的建筑文化——提取中国古典建筑规划精华，浓缩并总结出中国传统建筑最优美的符号，同时吸收成熟的西方式样建筑的空间优化原理，采用现代化的营造技术和建筑材料作支持，将传统与现代完美地结合在同一个建筑中。北京的“运河岸上的院子”“观唐”“皇家别墅”，成都的“清华坊”“芙蓉古城”，上海的“九间堂”“康桥水乡”等建筑住宅项目，都是对此新时代中国居住建筑的尝试和实践，并取得了良好的反响。

古代的中国设计师已经懂得把古老的中国哲学和美学理念运用到建筑和室内设计领域，他们创造了一门独特的学问——风水。贯穿于整个中国文化的哲学思想——道家和儒家都提倡简朴的生活原则，强调平衡、规律和协调性，

◤华丽的古典红木箱和现代的洗浴器具共同渲染出个性的奢华空间。

◢屏风的运用尽显现古典的气韵与风骨，鸟笼则为空间添加了勃勃生机。

明确指出了简单与和谐对于日常生活的重要意义。在这种思想指导下，中国人习惯以“风水学”来安排家居生活的各个方面，以求物品的摆设可以使生活达到最好的平衡状态。风水强调居住环境里各个元素之间的相互协调，以带来安宁和好运。例如，恰当的灯光设计可以安抚心灵，而水和植物的摆布可以反映出人们对自然界的向往，获得天人合一的完美平衡等。

而在室内装饰方面，中国种类繁多、丰富多彩的艺术形式也得到了充分的表现与运用。如源于生活的雕刻、漆画、陶瓷、泥塑、蜡染、剪纸等纯朴的艺术样式，既反映民族文化的精髓，又成为室内最亮丽的装饰。特别是中国古代传统家具，更深深影响了世界家具及室内装饰的发展。无

◥大红色赋予空间满满的喜庆味道。

◣中式的庭院，有种闲云野鹤的生活味道。

◥传统的鼓用作装饰，视觉效果强烈。

◤简约的新中式风格，禅味隐隐透露。

◥冷硬的砖墙下，现代时尚的灯具和茶几丝毫不显突兀，反而烘托出别具一格的休闲气质。

◣中西方的装饰在这里随意摆放，勾勒出不受拘束的自由意境。

◢古老的瓦片被重新组合，是古典和现代的重叠。

论是笨拙神秘的商周家具、浪漫神奇的矮型家具（春秋战国秦汉时期），抑或婉雅秀逸的渐高家具（魏晋南北朝时期）、华丽润妍的高低家具（隋唐五代时期）、简洁隽秀的高型家具（宋元时期），还是古雅精美的明式家具、雍容华贵的清式家具……都以富有美感的永恒魅力吸引着无数人的钟爱和追求。由于受民族特点、风俗习惯、地理气候、制作技巧等不同环境的影响，中国古代传统家具走着与西方家具迥然不同的道路，形成一种工艺精湛、不轻易装饰、耐人寻味的东方家具体系，在世界家具发展史上独树一帜，具有东方艺术风格特点。

中国风格的室内装饰，融合了中国字画、瓷塑、明清式家具、中国传统木装修造型及古典型灯饰等，以其综合

粗笨的书桌是空间最惹眼的元素，端庄的明式坐椅在深色的地砖上打造带着内敛沉静特质的生活空间。

客厅命不规整，但是在两幅用现代手法描绘的明清人物肖像画的映衬下显得十分舒服。

的艺术色彩，体现出中国的文化艺术氛围。家具布置上则多采用传统和对称法。地上铺一块手织地毯，墙面挂几幅中国山水画和对联，案上摆一些珍玩盆景，再陈设几样唐三彩或瓷器，室内空间隔断采用传统残角的木装修或屏风等。而新一代有创意的中国风格的设计师，更是试图从中国几千年文化传统和人文历史中，导引出一种新的具有现代意识的装饰风格。这种风格以静带动、由幽见深、由曲达直地糅合了中国传统思想和现代装饰形式。

在丰盛华丽的表象下，中国风格是一份经由数千年的悠久历史所沉淀而出的自在优雅，具有与现代设计理念不谋而合的精神内核——平衡、规则与和谐。漫长的数千年岁月流逝，这样一种古典的、宁静致远的处世和养生哲学，却日益显现出其对纷繁复杂的现代人及其生活非凡的影响力和指导意义。

ゆ

Japan

日本

日本传统的暖帘一般只齐腰长，除却隔断空间的作用，还能表征场所的性质。

日本古称“东瀛”“扶桑”，与中国一衣带水，位于亚洲最东部。温和的气候、充沛的雨量，使得四季变化缓慢而有规律，小巧纤丽的自然景观也显出平稳而沉静的美感。得天独厚的环境令日本人对自然极端热爱，这种热爱最终融入到民族的审美情趣中——日本的文化和艺术以柔和、简约为表达主线，内里却蕴含着深刻的、精神性的价值取向。

用什么来表达我们对日本设计与风格的概念？木格栅移门与纸灯笼？茶道和插花？还是安藤忠雄？这些显而易见却情感强烈的地方特征其实蕴涵着抽象的美学思考，其对日渐风行的现代简约设计的影响，哪怕只是一些片段，

我们也有理由做一番探究。

由中国传入的佛教与禅宗对日本人的生活和性格有着深远的影响，它塑造了日本社会的方方面面，不仅诱导了日本文化，还为证明日本人与生俱来的价值观提供了证据：对自然和宁静的尊重，在创造过程中发现美，崇尚克制和简朴。多山的地形、经常的自然灾害也影响着日本人的精神和生活方式。高山的难于接近使日本人产生敬畏感和神秘感，山也盛产木材和竹子，这使得移门、灯罩等都用自然材料制作的家居用品得以广泛使用，从而形成为一种不露锋芒的风格。这种内敛的设计非常有感染力。

海岛气候使得日本的房屋有很大的适应性，房子要灵活地应付自然的变化与灾害，因此适中的规模有机地与自然共生是十分必要的——很少的承重墙，多数的可滑动部分；不透明纸做成的移门，既可当窗也可当帘，现在则部分谨慎地加入了安全玻璃，这是对安全的妥协，也是一项

◥纸灯笼，搭配双色漆碗，禅意流露。

◣浓重的红色，无尽的木料，这是对中国木结构建筑的承继和发扬。

◥木、石等自然材质碰撞出浓浓的禅意。

◤红色的门板，其镂空的装饰说明了中日风格的一脉相承。

◥带有中式摸样的格子窗。

◣透过拉门可以看见满园的春色。

◢格栅式日本风格的重要元素。

受欢迎的创新；门的移动和开启使内外联系紧密，室外的美景亦成为室内的有机延伸，四时的变化尽收眼底。同样，内部空间的分割也是灵活多变的，他们使用隔墙，即隔扇，一对可在地板与过梁之间平行轨道上滑动的门将内部空间从一系列连接在一起的狭小空间简便而迅速地换成较大的开放空间；使用盖被和蒲团，不用时可以叠起来放在壁橱里，一间卧室马上变成了起居室。

在日本家庭中，整洁、简朴与次序支配了一种隐藏的文化，即存储的功能和形式，同时又保证了任何东西在需要时能很快找到。由滑动门所隐藏的嵌入式壁橱提供了在小空间存储物件的理想解决方式，不仅节省空间，且与整

体直线条结构相和谐。在移门后密集的架子上盛放着日常用品，门关上后，嵌入式壁橱流线型的外观与整体居室融为一体，在西方受禅宗影响的居室内，经常会有看上去很坚实的墙壁实际上却是一段假墙。一组移门后可能隐藏着大排存储的物品，假墙可以掩藏壁橱或设置壁炉，因此存储成为居室完整的结构因素，而不是一个妥协的解决方案。

世界上最早制成的标准尺寸设计实际上是日本的和服和榻榻米垫子，榻榻米垫子的尺寸也是非常符合人体工学的——长 1.8 米，宽 0.9 米，榻榻米垫子的作用也是多功能的，不仅是一种铺地材料，其所占面积也成为一种测量单位，这一最小的地板单位定义了日常生活的许多方面的尺寸。铺有榻榻米垫子的地板首先给人的视觉效果是规则的直线，每个垫子在边缘都以黑色的亚麻布或彩锦相连，然后在整个房间铺上精确的图案——实际上房间已经按照期望的垫子数设计好了。在一间整洁的居室里，单一元素的重置创

◤在这间中性、极简抽象派的室内，自然材料与质地、低矮的直线条家具有一种宁静的和谐。

◥杯中的苇草显出勃勃生机。

◣单纯的体块与线条。

◢小小的陈设，也有山水隐含，其间的意味需要你仔细品味。

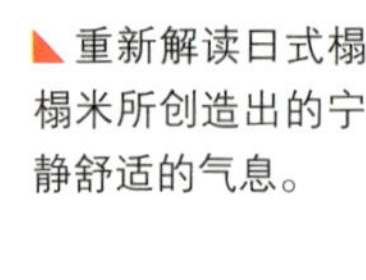

◣重新解读日式榻榻米所创造出的宁静舒适的气息。

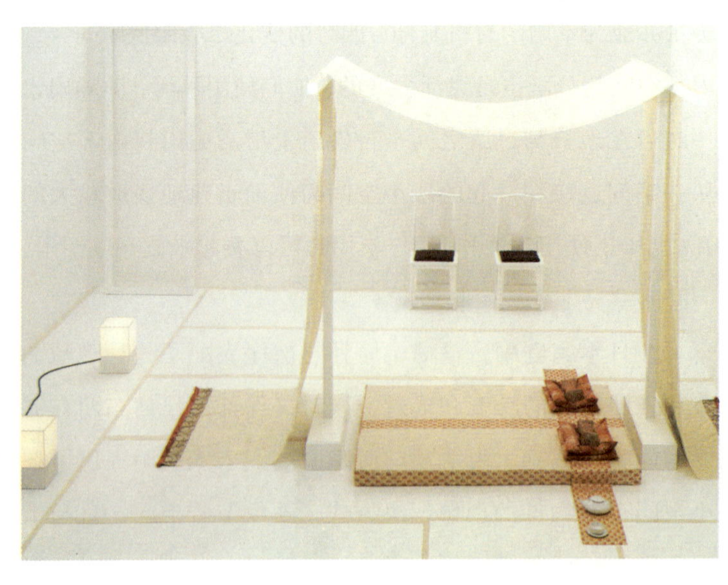

◥现代的室内空间，运用现代的材料与色调同样把这种极向的禅意表达得十分妥帖。

◤自然材料的运用、模糊的空间摒弃了所有的装饰，却依旧十分惬意。

造出的整体韵律，有一种奇特的吸引力。在茶道仪式上，每一道器皿的位置都是经过对可用空间的仔细考虑的。现代主义的预制标准化在日本已经应用了几个世纪，模数化使物质行为系统化，并提供了整齐和谐的感觉。模数设计被广泛认为是理想的供应批量生产的经济实用的解决方法，并有很强的视觉吸引力。一个直线的格式可以被拆散并连接那些平行的表面，在一间小公寓里，模数的房间划分整齐和谐并没减少整体的空间效果，预制的存储体系提供了表面的均匀和统一，功能性很强。

传统居室的单色调映衬着材料自然柔和的纹理，经常可以变换的内部陈设使其成为一个灵活中性的色彩场所。佛学中的五彩概念成为人们广为理解的视觉语言，红色代表活力与顽强，有生气和庆贺，在一年中重要的节日或祭祀中使用；蓝色代表宁静、和平、秩序、庄重和稳定，黄

色包括了金色和绿色，表示了重生和自然的世界；黑色的含义是庄严、神秘与直觉，与禅宗有深远的联系；与白色搭配使用在西方成为时尚，代表着纯洁和精神的渴望。东西方的室内设计都在继续使用这样的用色和构成原理，创造出大量的单色直线幽雅端庄的物品，并选择性地添加了一些装饰效果极佳、色彩绚丽的要素，一起使得居室亮丽起来。

在前工业时代的日本，将即刻不用的物品存放起来的行为，与隐藏财富和消费痕迹的社会要求是密切相关的。在当今受禅宗影响的室内有一个有趣的现象，即没有显示居住者社会地位与个人财富的容易确认的线索，但这种空与无并不代表一种缺乏，而是对有限自然资源和材料更为明智和灵活的运用。这样的设计在未来将广为推崇。

受禅宗影响的设计师包括莱特和安藤，他们以其严肃分析的方法及摒弃装饰的细节特征，创造鲜明的简朴环境，实际上这是一个复杂的过程，他们仔细认真地考虑了所有

◤木构件的绘画色彩鲜艳，线条流畅。
◥石钵日式庭院常用的装饰。
◣石钵的形态可圆可方，千变万化。
◢石灯笼也是日式庭院的重要构成，后期演化为其他材质，被安放在各个角落。

◣稻草的屋顶掩映在自然的翠绿中，整个屋顶的结构仅适用直线条，体现了日本传统建筑简素的风骨。

◥空间异常开阔，墙上的木质斜方格与革质软钉拉门，都是对日式经典元素的重新诠释，并在功能上也有了跃升。

◤空间原本就设定了的，而元素、材料则是建筑师信手拈来。

◥拼接的板壁自不必多言，而朴质的边缘处理却值得借鉴。

◣木格玻璃窗将庭院中的绿意与阳光变为室内的背景。

◢日本住宅的大面积空间都留给“人”这个主体，显得很“空”。

物件的材料、形式、颜色和质地，更依赖于高超的技艺和精确的细部，创造出令人感动的生活和精神空间，在现代充满信息与压力的生活中，具有移情作用和适应性，因此外表简朴的家居风格流行也是自然而然的。将自身从纷繁琐碎的生活中抽出，静心去思考现在的生活，在知觉中整理，增添或减少生活的元素，直至符合自己平静沉思的要求。

Korea
韩国

苍劲的古树掩隐着寂静的深深庭院，这里是1834年朝鲜国王宪宗和纯元王后起居的宫殿。

韩国位于亚洲大陆东北朝鲜半岛的南半部，历来都与邻国朝鲜、中国和日本的文化艺术有着一脉相承的渊源关系，包括其美学观念、题材、技巧和形式等。同时，韩国所在的朝鲜半岛也是世界最早的文明发祥地之一，具有悠久的历史和灿烂的文化。毫无疑问，韩国和中国在历史上的密切关系，使得其建筑在发展和演变的过程中，同日本一样，广泛采用了中国古代传统的制式和构筑方法。当然，韩国建筑在发展中也融入了自己地域和民族特有的风格，外来的制式也由于韩国本身的气质、气候和传统的要求而作了相应的改变。比如宫殿的外廊由于韩国寒冷的气候，只是保留了原始结构的排列，而将其完全用薄砖或轻木板

封闭。如此，形成了韩国广泛吸收和因地制宜，进而形成具有显著地域性识别特征的建筑特色。

韩国人通常视建筑为一种工艺而非艺术，不是为了表达某种美学形式的创作意愿，而是为了满足实际功能和传统的需要。他们对结构内在协调性的偏爱，对细部和装饰的关注以及对建筑与自然环境和谐的重视，使其建筑表现出一种令人惊喜的现代性。美国著名建筑师赖特等都从这些远东建筑中汲取灵感：以柱间的空间作为基本单元和尺度，以及将相似的结构元素根据精确的比例关系相互重叠或并置等方法，在现代建筑中被广泛使用。韩国建筑很少表现出中国建筑的宏伟和超脱或者日本建筑的成熟的装饰

◥对称的结构，两边设有厢房。

◢传统的人字屋顶体积庞大，显示出屋主的身份和地位。

◣典型的木结构回廊可以让人随意起坐、穿行，间或观看风景，舒适惬意。

◥传统的民居，配以石头、木材、稻草的颜色，产生了质朴的色彩效果，建立起人与自然的对话。

◤庭院中大量的花草创造一个清新、充满活力的庭院氛围。

意识。他们在建筑艺术方面的追求主要体现为简洁和对大自然的极大尊重，这种尊重心理通常形成为一种平和宁静的感觉。在今天我们了解的韩国电影中，这些古老谦逊的建筑物给了我们最为直接的感受。

在韩国建筑中，自然环境始终被认为是最重要的因素。韩国古代建筑师的不同寻常之处是他们决不做违背壮丽的自然环境的尝试，也决不与自然景色比较高低。他们全都试图实现一个使建筑物同自然环境相和谐的理想，或者就

是努力顺从自然环境。在韩国古代寺院建筑的一般设计中，静修室、佛堂和讲经堂多半造在山麓或是山谷的一个院落里，几乎完全由高高矮矮的树木遮掩着。形象艺术的其他领域绝大多数是越引人注目越好，而寺院则越不引人注目越好。任何房舍，私人住宅、宫殿、寺院或其他社会设施，在选择建房地点的时候，当地的设计师或居民都会考虑到其与自然环境的关系，不论造什么房子都讲究选一个望得见“山水”的房址。因此，在朝鲜半岛，多数村落坐落在依山的平地上，房屋别具一格。在韩国，除贵族和上层人士的住宅院落讲求轴线对称、布局比较严谨以外，一般住宅都比较自由，采用封闭的四合院较多，屋顶四面斜坡，门窗大多开向内院，推拉式，窗棂古朴简洁，多以方格糊纸。屋里用木板隔成单间，各个屋之间有门道相连通。屋内设有平地火道，利用铺设在地板下的热气管道来采暖。室内有平炕，进屋后要脱鞋，人们席炕而坐。低矮的层高、开放的入口平台、高耸的烟囱、轻盈的门窗隔扇，形成韩

◤典雅的砖木结构庭院，精美的木窗和瓦当都显示出皇室的尊严。

◥连续的建筑颇为壮观，不禁让人联想昔日的繁华与喧嚣。

◣门上的字显示出中国儒家文化对韩国的影响力。

◢经典样式的楼台，可见中国风格不可忽视的影响力。

◣原汁原味的山村景色，朴素的土墙和茅草屋顶让人忘却了时间的流逝。

畏聖人

◥宽敞的阳台成为主人展示个人收藏的舞台，形式各异的陶器和瓷器错落有致，显出优雅的气息。

◣屋子外面的回廊被布置成喝茶小坐的地方，既与室内连为一体，又是院落的一部分，分外随意。

国民居鲜明的特点。另外，韩国人很少用厚重和夸张的鲜艳色彩，而是保持一种与古朴风格相符的平滑自由的表面，采用天然的材料——木、砖、瓦，很少彩绘，淡雅的色调，一切显得十分和谐。室内空间也比较小，装饰简单。如同制作陶瓷的人着意于突出陶土本来的天然特点一样，韩国建筑师也喜爱天然木纹，木材的纹理各有不同，被视为主要的装饰成分，安排成悦目的图案。木料不上油漆，而是用油打光，从而最大限度地突出木纹的天然纹理。同时，在房间内通常采用单色处理，这是为了突出主人喜爱简单的趣味，室内往往挂一小幅水墨山水，摆设几件陶瓷器，就将高雅体现出来了。韩国人虽然偏爱简洁的单色装饰，但是有时在装饰上也极其华丽繁杂，如宫殿、神龛和寺院的木结构上的鲜艳的彩绘。这类建筑的隅撑系统中的檐、梁和天花板上几乎集一切想象得到的图案之大成，主要用红、蓝、黄、白、黑五种颜色画成。王宫大殿的天花板上

◤精工细作的传统家具，朴素中透露出几分奢华，矮几和丝绸坐垫正可提供最正宗的韩国居家风味体验。

画的是象征国王最高权威的龙和凤，其他部位则用祝国王长寿和多福的图样作装饰。采用五彩缤纷的云彩和花朵图样是因为它们象征吉祥，在它们周围还要描上象征花香氤氲的想象出来的图案。这些图案总体设计的主导思想是很受重视的阴阳调和理论和天地五行学说。这些手法和中国文化是一脉相承的。

无论是大的建筑还是小的器物，韩国人都将其带入了诗意的境地，对自然的赞赏导致冥想，进而由冥想而陶醉，不是为有形的美，而是为精神的美。

◤精美的建筑让人感叹历史的厚重与沧桑。

◥竹木茂盛的庭院，自然韵味悠然而出。

◣院子中满是野趣和自然。

◢曲曲转转的回廊，正是大宅子的气派。

Mongolia
蒙古

成吉思汗以图腾的形式出现，更多赋予了人们祈福的意味；只有一侧的兵器及马鞍还能让人找到些昔日勇士们征战大漠的英雄气概。

“……要这样去告诉孩子们的孩子 / 从翰难河美丽母亲的源头 / 一直走过来的我们啊 / 走得再远 / 也从来不会 / 真正离开那青碧青碧的草原……”席慕容的低吟浅唱隐约仿佛马头琴的悠扬，幕天席地，纵横游牧，逐水草而居的蒙古人爱把自己的乡愁画作一条河，远景是苍茫敕勒阴山上飞翔的雄鹰，近景是草色青青里风吹乍现的牛羊，还有满天繁星下洁白沉静的点点穹庐，生命蜿蜒流淌千年如昨，不在河的这一边，就在河的另一边。

到底何为蒙古？这是个很难回答和界定的问题。动荡飘遥的历史让所有的人、事、物翻卷其中，分了又合合了再分，太多的重叠和融合让国家和地区的简单分类已无法清楚地描绘出蒙古风情的全貌。蒙古是一脉绵延似水生生不息的草原文明，也是一段辉煌如火驰骋睥睨的帝国回忆，

一望无际的塞外风光，洁白的蒙古包如星星点缀在绿海里，正是游子梦牵魂绕的家乡。

草原上已经显出斑驳的庙宇，层层的青苔却掩不住朱红墙壁和飞檐翘角曾经的威严和权柄。

◥岁月荏苒，昔日的游牧民族也渐渐抛下了生命的锚，在这片天空下建起自己的家园。

◣蜿蜒流淌的河就是这么养育着一代又一代的儿女，孤独的蒙古包里藏着能翻天覆地的勇气，仿佛随时能闪现出属于黄金家族的光荣。

是一个豪气勃发英雄辈出的民族，更是一支源远流长繁衍无数的人种，是一种太过复杂又极之纯粹的美丽，足够满足人们对于传奇的所有想象和盼望。

代代相传的口述历史中，蒙古人是苍狼和白鹿的后裔，感光而孕的神话也耳熟能详，传奇的开端奇妙难解。现代有专家考证的结果是人类走出非洲后，分别从喜玛拉雅山脉南北两侧进入东亚地区，从南方进入的一支开拓了农耕，从北方进入的一支浸淫于游牧，两者在扩张中相遇于亚洲东北部的高原草场，孕育出今天我们所知晓的蒙古一族。

广义地理上的蒙古高原地区，包括今天的蒙古国，中国的内蒙古和新疆的一部分，以及俄罗斯的部分区域，如图瓦共和国、布里亚特共和国、赤塔州等在内的片土地。这片土地上的最早的文明记录来自史前旧石器时代的大窑文化，从公元前3世纪起，匈奴部落的冒顿单于建立了蒙古地区的第一个国家，接着东胡部落的鲜卑汗国、柔然汗国、突厥汗国、回纥汗国、契丹国，后在一千多年的间里，依次成为蒙古地区实际的统治者。根据中国的史书记载，

蒙古族最早崭露头角是在公元8世纪，被称为“蒙兀室韦”，公元12世纪形成部落联盟的松散政权，直到1206年，铁木真统一各部号“成吉思汗”，蒙古人才建立起真正属于自己的王朝——“大蒙古国”。

传说中铁木真出生时“手握凝血，眼如烈火”，果然后来的成吉思汗让大半个世界臣服在他的蒙古铁蹄之下。大蒙古国以不可思议的速度迅速扩张，向东南征服了整个中国，向西北一直打到了多瑙河畔，建立起煊赫一时的蒙古帝国。蒙古帝国的统治在中国被称为元朝，实质上广阔无边的帝国疆域掌管被划分为四个不相隶属的独立汗国，分属成吉思汗的子孙，但元朝具有象征的领袖意义，因为蒙古人的家乡蒙古高原归元大都（今北京）的管辖。

庞大的蒙古帝国的统治并没有维持得太长久，但却着实在欧洲、西亚、俄罗斯等地留下了“黄金家族”的威名，至今仍赫赫生辉，许多人以拥有成吉思汗的血统为傲。在蒙古高原，历史的车轮也是一路滚滚向前。1368年，明军攻克大都，蒙人退居塞外，称北元。14世纪初北元灭亡，蒙古诸部重新陷入分裂状态。虽然先后有鞑靼、瓦剌等王朝兴起，但始终未能再达到元朝的高度。清朝将蒙古各部，以戈壁为界，分为漠南蒙古和漠北蒙古，建立盟旗制度，将其纳为中国大清王朝的一部分。辛亥革命后，蒙古各部有的选择留在中国，成为今天的内蒙古，有的选择自治，成为今天的蒙古国，还有唐努乌梁海等失落的土地，如同得了又失的焉支山，只能成为蒙人梦中辗转反侧的泪痕了。

虽然“狼图腾”几乎已经成了人们对蒙古文明的标志性印象，但对于长生天（永恒的上天）的崇拜才是蒙古人

◥蒙古包总是以纯白为底色，厚厚的毡幕和坚韧的绳索展现出草原的粗犷和率性。

◥凉爽的半露天凉篷，巨幅的蒙古女郎画像仿佛有美目流盼的光芒，小小的蒙古包成为室内的装饰重点，别有奇趣。

◣神庙沧桑的石碑刻写着昔日的荣光，却在今日的细雨中幻化出温柔的记忆。

真正的信仰之本。大自然教会了蒙古人形成了天圆地方的朴素审美观，圆天苍穹浓缩下来，含蓄地传递天人合一的游牧民族生活理念，就是中原人文质彬彬地称之为“穹庐”或“天幕”，蒙古人称为“格日”的蒙古包了。蒙古包一词源于清朝时满语的音译，意为蒙古人的家，指的是有天窗和编壁的毡房。据考证，在公元 7 世纪之前，蒙古先民最原始的住所是洞穴，逐步演变为窝棚，人们把猎获的野兽皮剥下来，覆盖在木头支起的架子上作为住房，有时也有用柳条、蒲草河芦苇编制而成的圆顶窝棚。其后为了适应“随畜牧转移，逐水草迁徙”的游牧狩猎生活，蒙古包便适时出现了，并成为一直延续至今、最富蒙古特色的建筑形式。

蒙古包是一种易拆易装，便于搬迁的建筑形式，两峰骆驼或一辆勒勒车就可以运走，两三个小时又能搭盖起来。其制作不用任何泥水土坯砖瓦，原料非木即毛，即便室外零下 40 多摄氏度，7、8 级的大风，积雪几乎没顶，屋里却能依然保持坚固温暖，可算是建筑史上的奇葩。蒙古包主要由架木、苫毡、绳带三大部分组成。木质的框架分陶脑、乌尼、哈那、乌德儿部分组成。陶脑即天窗，圆拱形，由三个圆形木环和四个弧形木梁组合而成，好像一把大伞，是蒙古包的顶；哈那是用柳条编制而成的菱形网眼片，拼接后组成蒙古包的圆形墙壁，哈那越多，蒙古包就越大，120个哈那的蒙古包占地可达6000平方米，是草原上壮丽的风景；乌尼是连接在两者之间的木杆，上细下粗，上插入陶脑环形木方口，下端穿有孔眼，用皮绳与哈那连接，形成稳固的结构支撑；乌德则是蒙古包的门，有框、门槛和门楣，门框与哈那等高。框架搭好之后，铺盖内层毡，围哈那毡，包顶衬毡，覆盖包顶套毡，系外围腰带，围哈那底部围毡，最后用绳索围紧加固，才算大功告成。蒙古包都是面向东南，朝日而设。门楣上的椽子数量和角度都恰好与现代钟表的时间刻度完全吻合，从天窗射进来的阳光影子可以给出准确的时间，指导作息宴乐，显示出工匠们对天文学和几何学的精妙掌握。蒙古包内中央为炉灶，以西为尊，西面供奉神像，摆放兵器和工具，东边则安置生活用品和橱柜家具。

图案和色彩是蒙古风格的又一大标志性元素。蒙古人喜爱构图丰满端庄，对称凝练的图案有很强的适宜性和装饰性。在蒙古语中，图案一词就是“盘羊”的意思，寓意丰美。动物、文字和几何被用对称、平衡、对比的手法，制作成朴素庄重的纹样，被装饰在蒙古包内外铺陈的各种毡毯上，给人以华美大气的视觉享受。而草原生活的绮丽多姿，更促成了蒙古人尚色的习俗，以红色象征生活快乐和美满，以金子的黄色象征爱情、理想和希望；以天空的

◥依然是明亮的红黄两色，与室外清爽的纯白和青绿形成强烈的对比。

◢蒙古包的陶脑（天窗）是结构上的重点，排列成辐射状的椽条不但具有几何图形的装饰美感，也是蒙古人对天地日月的敬畏之祭。

挂毯上变化多端的犄纹、回字纹、盘羊纹、连环相扣的几何纹，每一处都是一个蒙古的传奇，可以追溯到成吉思汗的光荣回忆。

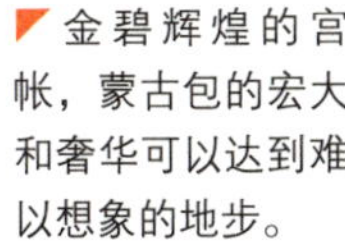

金碧辉煌的宫帐，蒙古包的宏大和奢华可以达到难以想象的地步。

草原生活的绮丽多姿，更促成了蒙古人尚色的习俗。

红色象征生活快乐和美满，金子的黄色象征爱情、理想和希望。

蓝色象征永恒的安宁、真诚和善良；他们尤其偏爱白色，寓意纯洁和平安的祝福，蒙古包多以白色为主题色，象征日月之光的明媚和高贵，因此，珊瑚、宝石、银器等具有天然鲜亮色彩的装饰品也是蒙古族传统建筑风格上随处可见的点睛之笔。在手工特色方面，皮革雕刻、金属技艺、刺绣贴花都是蒙古风格中最有欣赏价值的装饰元素，在室内装饰，器皿陈设和服装服饰上都展现别具一格的美丽风情。

“腾格里是苍天 / 以赫奥仁是大地 / 呼德诺得格是祖先留下的草场 / 也一望无际的碧绿……”

诗人笔下的蒙古是风沙呼啸而过的大漠英雄，歌者唇边的蒙古是月色草原下的敖包相会，游子梦中的蒙古是塞外情人随风飘扬的红裙黑发。一千种的风情，都在那片星光下的帐幕里上演，无始无终。

图书在版编目（CIP）数据

享受海风 / 心安工作室编著．—上海：上海科学技术文献出版社，2017

（寻找生活：环球风格阅览）

ISBN 978-7-5439-7376-3

Ⅰ．①享… Ⅱ．①心… Ⅲ．①室内装饰设计—世界—图集 Ⅳ．① TU238.2-64

中国版本图书馆 CIP 数据核字（2017）第 079599 号

责任编辑：孙　嘉

封面设计：周志英

享 受 海 风

心安工作室　编著

出版发行：上海科学技术文献出版社

地　　址：上海市长乐路 746 号

邮政编码：200040

经　　销：全国新华书店

印　　刷：河北环京美印刷有限公司

开　　本：650×900　1/16

印　　张：13

版　　次：2022 年 1 月第 2 次印刷

书　　号：ISBN 978-7-5439-7376-3

定　　价：58.00 元

http://www.sstlp.com